송민령의 뇌과학 이야기

※이 책은 『여자의 뇌, 남자의 뇌 따윈 없어』의 개정증보판입니다.

앎과 삶을 연결하는 우리 시대의 뇌과학

송민령 지음

송민령의
뇌과학 이야기

동아시아

개정판 서문

『여자의 뇌, 남자의 뇌 따윈 없어』는 2020년 세종도서 교양부문에 선정될 만큼 양서로 평가받은 책이다. 이미 호평을 받은 책의 개정판을 다른 제목으로 내면, 중복 구매하는 독자가 생길 수 있고, 홍보에도 부담이 되어서 여러모로 좋지 않다. 그럼에도 『여자의 뇌, 남자의 뇌 따윈 없어』의 제목을 『송민령의 뇌과학 이야기』로 바꾸게 된 데에는 사연이 있다.

'여자의 뇌와 남자의 뇌'가 던지는 과학 커뮤니케이션의 문제

내가 그동안 뇌과학에 대해서 쓴 칼럼은 100편이 넘는다. 과학 커뮤니케이션 활동을 적지 않게 해온 셈인데, 《매일경제》에 실었던 「남자의 뇌, 여자의 뇌 따위는 없다」라는 칼럼은 가장 반응이 뜨거우면서도, 가장 소통하기 어려웠던 칼럼이었다. 내가 그 칼럼을 통해 다루려고 했던 것은 '어떤 지식이 누구에 의해 생산되고 현실에서 어떻게 작동하는가'였다. 남녀의 차이에 대한 연구는 이 주제에 대한 문제의식을 전하는 데 적합했을 뿐만 아니라, 칼럼이 나오던 무렵의 사회적인 분위기와도 맞았다. 유서 깊은 생명의학 저널인 《랜싯Lancet》과 대표적인 인공지능 학회인 《뉴립스Neurips》 등 국제 학계의 여러 조직이 양성 포용적인 문화를 화두로 인식하고 변화를 꾀하고 있었기 때문이다.

이런 문제의식과, 남녀 뇌의 차이에 대한 사람들의 관심을 고려해서 칼럼을 다음과 같이 구성했다.

① 키만 가지고 남녀를 구분할 수 없는 것처럼, 뇌를 남녀 이분법적으로 나눌 수는 없다. 키 작은 남자를 '남자도 아니'라고 할 수도 없고, 키가 작은 사람을 '작으니까 여자'라 단정할 수 없는 것처럼, 뇌의 특징도 성별에 따라 이분법적으로 나뉘지 않는다.

② 연구 결과에 따르면 남녀의 성격과 능력에 대한 고정관념과 관련된 차이들('여자는 말을 잘하고 남자는 논리적이다' 등)은 생물학적으로 결정된다기보다는 고정관념과 문화에 따라 형성되었다. 심지어 성 호르몬의 분비조차 문화적인 요인의 영향을 받아 변했다.

③ 남녀의 성격과 능력에 대한 고정관념을 생물학적으로 입증하는 데 관심이 집중되었던 것에 비해서, 남녀 사이의 더 중요한 차이는 충분히 다뤄지지 않았다. 남녀의 신체 차이는 훨씬 더 노골적임에도, 남녀 간 약물 반응의 차이나 출산 후 심리 변화처럼 중요한 차이는 덜 연구되었으며 연구 방법조차 틀린 경우도 있었다.

④ 이처럼 어떤 지식이 누구에 의해 생겨나고, 어떻게 사용되는지 살펴보면 거기에는 긴장과 갈등이 따른다. 《랜싯》 등 학계 주요 조직들은, WEIRD(Western, educated, industrialized, rich, democracy) 남성 중심의 지식 생산과 사용에 문제의식을 느끼고, 양성 포용적인 문화를 위해 힘쓰고 있다.

그런데 놀랍게도, 댓글이나 강연장에서의 관련 질문은 ②에만 집중되었다. 질문과 댓글의 내용을 가만히 살펴보면 '고정관념에 해당하는 남녀의 성격/능력 차이가 뇌에 생물학적으로 결정되어 있지 않다. 이런 요인들은 문화적으로 형성되는 것으로 보인다'라는 내용이 '남녀의 뇌에는 차이가 없다'와 동일하게 받아들여지는 경우가 많았다. 나는 글에서 해마의 CB1 수용체에서 남녀 차이가 있음을 언급했고, 약물 반응 차이처럼 다른 중요한 차이는 아예 별도로 섹션을 만들어서 다루었다. 그럼에도 남녀의 성격/능력에 대한 평소 생각을 생물학적으로 확인하는 데 관심이 집중되다 보니, 다른 내용은 눈에 들어오지 않는 것처럼 보였다.

내가 이런 내용을 다시 풀어서 설명해도 '그래도 이건 다르지 않냐, 내가 살면서 남녀 간에 이런 성격/능력 차이를 봐왔다. 그런데도 생물학적으로 결정된 게 아니라니 믿기 힘든데…'라는 응답이 돌아오는 경우가 있었다. 무척 신기했다. 이 추가 질문은 질문자에게 '남녀의 성격/능력 차이가 크며, 이 차이는 타고나는 것이다'라는 믿음이 비교적 강함을 드러내기 때문이다. (이처럼 남녀 차이를 강하게 믿는 사람이 많은 것 자체가, 통념대로의 남녀 차이를 구현하는 강력한 문화적인 요인으로 작동할 수 있다.)

나아가 이 질문은 사회적인 관계의 측면에서 묘한 상황을 연출했다. 이런 질문을 하는 분들이 어째서인지 항상 남성이고 나는 여성이다 보니, 본의 아니게 이 질문에는 "(질문자가 예로 든 사례대로) 너는 뭘 어떻게 해도 생물학적으로 그렇게 태어난 그런 사람이고, 나는 이런 사람인 게 아니냐"라는 의미가 내포되어버렸다. 이러면 질문자는 잘 모르는 사람인 나를 사실과 다르게 규정할 위험을 안게 된다. 질문자가 규정한 내용을 내가 불편해할 위험도 있다. 더욱이 나와 상대의 차이를 부각하는 것은 상대와 나 사이에 편을 가르고 대치할 때 종종 쓰이는 방식이며, 타인과 친해지려 할 때 취하는 전략(공통점을 부각하고 비슷한 점을 중심으로 대화를 풀어가는 방식)과는 반대된다. 질문하신 분들이 나한테 싸움을 거는 태도였다면 오히려 이해가 됐을 텐데, 점잖고 반듯한 데다가 하나같이 우호적인 태도여서 신기하면서도 흥미로웠다.

결국 이 칼럼은 '무엇이 어떻게 연구되고, 연구 결과가 어떻게 활용되는가'라는 중요한 주제를 담은 글일 뿐만 아니라, 과학 커뮤니케이션의 어려움을 가장 잘 상징하는 글이 되었다. 이런 측면에서, 「남자의 뇌, 여자의 뇌 따위는 없다」라는 칼럼은 이 책의 대표적인 글 중 하나로 여겨질 만했다. 이 책의 목적은 뇌과학을 '알기 쉽고 재미있게' 전달하는 것만이 아니기 때문이다.

과학 커뮤니케이션

이 책은 과학 커뮤니케이션Science communication(과학 소통)에 주안점을 두고 구성되었다. 과학 커뮤니케이션이란 과학과 관련된 내용을, 그 내용을 전공하지 않은 이들에게 전하는 활동을 뜻한다. 종래에 쓰이던 용어인 '과학 대중화'가 잘 아는 전문가가 잘 모르는 대중에게 지식을 하향식으로 전달하는 활동을 뜻한다면, 나중에 생겨난 표현인 '과학 커뮤니케이션'은 쌍방 소통에 가깝다.

얼핏 비슷해 보이는 활동을 두고 다른 표현이 생겨난 것은, 과학 대중화 과정에서 얻은 시행착오 덕분이다. 과학에 대한 오해를 적으로 간주해서 엄정한 논리와 지식으로 혁파하려는 시도는 대체로 실패했다. 상대방의 어리석음을 비난하고 계몽하려는 태도는 상대를 존중하고 배려하는 모습으로 보이기 어렵기 때문이다. 나아가 과학에 대한 특정한 오해(혹은 가짜과학)가 개인의 오해에 그치지 않고 널리 퍼지게 된 데는 어찌 됐건 그럴 만한 이유가 있기 때문인데, 그 이유를 살펴보기는커녕 공격해서야 위험을 의도적으로 은폐한다는 의혹과 반감을 사기 쉬웠을 것이다.

이런 시행착오가 누적되면서, 과학에 대한 오해를 풀고 이해를 증진하며, 악용을 막고 선용을 도모하기 위해서는, 지식을 하향식으로 전하는 '대중화'만으로는 부족하다는 것을 알게 되었다. 소통의 대상이자 자신의 분야에서는 전문가인 시민들을 존중하고 이해하는 것이 필요했다. 사람들에게 과학 활동의 결과인 지식뿐 아니라, 지식이 얻어지는 과정과 과학 활동의 특성에 대해 알리는 것도 대단히 중요했다. 연구 결과를 과학적으로 합당한 방식으로 삶과 연결할 수 있도록 과학자가 다른 분야 전문가들과 협력하는 것도 필요했다.

과학 커뮤니케이션은 첫 책『송민령의 뇌과학 연구소』를 내기 전부터 내가 중요하게 생각한 부분이었다. 내가 저술 활동을 시작한 것은, 내가 좋아하는 학문인 뇌과학에 대한 이해를 돕고 오해를 풀며, 선용을 도모하고 악용을 막기 위해서였기 때문이다. 그래서 첫 책을 쓰기 전부터 '과학 커뮤니케이션'에 대한 자료를 읽으면서 공부해왔다.

'과학 커뮤니케이션'에 방점을 두고 글을 쓴다는 것은 뇌과학 커뮤니케이터로서의 나의 특징이기도 하다. 내가 쓰는 책과 글에는 과학 연구의 특성과 과정에 대한 내용, 시민 참여에 대한 내용이 많다. 또 내가 전하고 싶은 지식을 전하는 것 이상으로, 사람들이 가려워하는 부분을 긁어주는 것, 오해된 부분을 확인하고 풀어주는 것에 신경을 많이 쓰는 편이다. 특히 한국의 독자들이 가려워하고 답답해하는 부분을 풀어가는데, 이는 한국에서 출간된 과학서적만이 할 수 있는 역할이다. 아마 이런 점들이 내 책에 '따뜻한', '공감', '인문학과의 조화', '주체성' 등의 수식어가 붙는 이유일 것이다.

더욱이 이번 책은 강연이나 방송을 통해 사람들과 만나면서, 과학 커뮤니케이션 관점에서 다루어야 할 필요를 느낀 소재들을 중심으로 구성되었다. 예를 들어 "뇌과학이란?" 챕터의 글들은, 뇌에 관한 내용을 재미있게 소개하면서도, 과학과 과학 활동의 특성을 이해할 수 있도록 썼다. 「장내 미생물과 사회성」, 「판단에는 얼마나 많은 정보가 필요할까」 같은 글에서는 미디어에 소개되는 연구 논문을 과학적으로 합당하면서도 나에게 유익한 방식으로 활용할 수 있도록 정리했다. 가짜과학에 대한 글들에서는 비전공자의 입장에 공감하면서 가짜과학에 대해 풀어냈다. "뇌과학자의 시선으로 본 세상" 챕터와 「한 사람의 태도가 세상에 미치는 영향」 글에서는 과학이 훌륭한 수단일 뿐만 아니라, 세상을 살아가는 새로운 시각이자 라이프 스타일일 수도 있음을 보여주고자 했다.

그래서, 제목을 바꾼 이유

요컨대 이 책은 과학 커뮤니케이션에 방점을 두고 쓰였고, 「남자의 뇌, 여자의 뇌 따위는 없다」라는 칼럼은 과학 커뮤니케이션의 여러 측면을 다룬 글이었다. 책에 실린 글 하나의 제목을 책의 제목으로 정하는 것은 종종 있는 일이기도 했기에 '여자의 뇌, 남자의 뇌 따윈 없어'가 초판의 제목으로 결정되었다. '따윈 없어!'라는 표현이 주는 통통 튀는 어감이 마음에 쏙 들기도 했다.

그런데 바로 이 제목이 문제가 됐다. 많은 사람이 책 제목만 보고서 이 책을 뇌과학 서적이 아닌 페미니즘 서적으로 오해했다. 책 표지만 보고서 '나는 이런 책 안 읽는다'라고 하는 분들도 있었다. 제목에서부터 막혀서 내가 이야기를 들려주고 싶었던 타깃 독자들(뇌과학에 관심과 흥미를 가진 사람들)에게 책이 전해지기 어려워진 것이다.

결국 개정판을 내면서 제목을 바꾸기로 했다. 이번에는 무리하지 않고 『송민령의 뇌과학 이야기』로. 이 책은 전작 『송민령의 뇌과학 연구소』보다는보다는 쉽지만, 앎과 삶을 연결한다는 주제 의식에서는 일치한다. 두 권이 모두 뇌과학을 통해 나를 이해하고, 너를 이해하고, 인간을 이해하며, 이런 이해를 바탕으로 어떻게 함께 살아갈지 길을 모색할 수 있도록 쓰였다. 그래서 전작 『송민령의 뇌과학 연구소』와 이어지면서, '연구소'보다는 편안하고 즐거운 느낌을 주는 '이야기'라는 단어를 골랐다. 이번에야말로, (제목에 연연하지 않고!) 즐거운 독서 시간 보내시길 바란다.

머리말

당연한 이야기지만, 과학자도 사람이다. 과학자도 궁금한 것이 있으면 인터넷을 찾아보고, 마트에서 장을 보고, 돈을 벌어 생계를 꾸려가며, 사람들과 어울려 살아간다. 다른 모든 직업이 그렇듯이 직업을 통해 훈련된 시각과 사고방식은 이렇게 살아가는 과정에 영향을 준다. 하다못해 '정의'라는 글자를 봐도 'justice'보다는 'definition'을 먼저 떠올리고, 오다가다 '도파민'이라는 단어만 들어도 귀가 쫑긋해지며, 잘못된 과학 이야기를 접하면 '그게 아니고 사실은…'이라며 차마 대답하지 못한 말들이 머릿속에서 한 차례 지나가는 것이다.

이 책에는 뇌과학자인 내가 세상을 보고 나를 보며 느낀 것들을 담았다. 전작 『송민령의 뇌과학 연구소』를 출간한 이후 강연과 인터뷰를 통해 사람들과 소통할 기회가 많았는데 이 과정에서 접한 흥미로운 오해와 질문에 대한 답이 책의 많은 부분을 차지한다. 또 시민과 소통하는 과학, 과학과 소통하는 시민을 위해 내가 지난 2년간 시도한 일들을 소개했다. 2년은 그리 길지 않은 시간임에도 강연장에서 받는 질문이 변해가는 것이 느껴져서 뿌듯하고 희망찼다. "일반인은 뇌를 10퍼센트밖에 사용하지 않는다던데 정말인가요?", "인공지능이 인간을 지배하게 될까요?"와 같은 질문은 시간이 흐를수록 줄어갔다.

전작 『송민령의 뇌과학 연구소』가 거시적이고 묵직한 질문들을 체계적으로 다루는 것에 비해, 이 책은 보다 일상적이고 소소한 질문들을 좀 더 편안한 어투로 다룬다. 스타일과 내용은 다르지만 두 책을 관통하는 주제는 앎과 삶의 연결이다. 뇌과학에 대한 지식이 자랑하기 위한 명품 핸드백 같은 것이 아니라, 삶 속에서 생생하게 맥동하는 무언가가 되기를 바란다. 뇌과학을 통해 나를 이해하고, 너를 이해하고, 인간을 이해하며, 이런 이해를 바탕으로 우리가 어떻게 살아갈지 함께 찾아갈 수 있도록.

지난 2년간의 시도를 직간접적으로 도와주신 많은 분께, 강연장에서 질문과 참여로 함께해주신 분들께, 그리고 나의 첫 번째와 두 번째 책을 예쁘게 만들어준 동아시아에 감사드린다.

차례

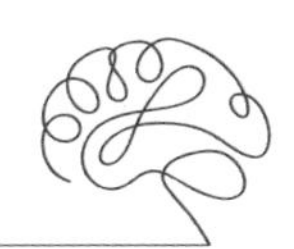

뇌과학자의 시선으로 본 세상

인공지능에 비춰본 인간

뇌과학을 둘러싼 오해와 진실

많은 사람이 뇌과학에 관심을 갖지만, 뇌과학이 어떤 학문인지는 모르는 경우가 많다.
뇌과학과 관련되어 보이는 정보들이 어떻게 통합되는지, 뇌과학이 우리 사회에 어떻게 적용될 수 있는지도 막연하게 짐작만 할 뿐이다.
뇌과학은 어떤 학문일까?

1. 뇌과학과 뇌과학자에 대해 자주 받는 질문들

↳ —

강연을 하거나 인터뷰를 하다 보면 자주 들어오는 질문이 있다. 반복되는 질문에 매번 답하기보다는 한 번쯤 정리해서 공유하는 편이 나을 것 같아 정리해보았다.

'시민들이 어떤 이유에서 뇌과학에 관심을 가지는가' 하는 질문은, 뇌과학이 사람들에게 어떻게 이해(또는 오해)되고 있는지, 뇌과학이 어떤 긍정적(혹은 부정적인) 방향으로 쓰일 수 있을지, 어떤 뇌과학 연구가 이뤄지면 좋을지 암시하는 매우 소중한 자료이기도 하다.

—

뇌과학, 뇌공학, 신경과학 등 여러 표현이 쓰이는데
어떤 표현이 맞는가?

공학과 과학은 다르다. 공학은 자동차 등 뭔가를 만들어내는 기술적인 학문이고, 과학은 자연의 원리를 탐구하는 학문이다. 자연의 일부인 '뇌를 탐구하는 학문'을 말할 때는 신경과학Neuroscience이 가장 정확한 표현이다. 반면에 '뇌-컴퓨터 인터페이스처럼 뇌에 관한 지식을 활용해 제품이나 수단을 개발하는 학문'을 의미했다면 신경공학, 뇌공학 등의 표현을 쓸 수 있다.

한국에서는 신경과학보다 뇌과학이라는 표현이 더 널리 알려져 있다. 마음에 대한 관심이 마음과 가장 긴밀하게 연관된 기관인 뇌로 확장되다 보니 뇌과학이라는 표현이 널리 퍼진 듯하다. 하지만 신경계는 뇌뿐만 아니라 온몸에 두루 퍼져 있고, 뇌는 온몸에 퍼진 신경계와 긴밀하게 상호작용한다. 뇌과학의 탐구 대상은 뇌를 포함한 신경계 전체이므로 신경과학이 더 정확한 표현이고, 해외에서도 이 표현을 더 많이 쓴다.

나는 한국 독자에게 맞추어 '뇌과학'이라는 표현을 쓰고 있는데, 최근에는 그래도 '신경과학'이라고 했었어야 했나 조금 후회도 된다. 뇌과학이 마음에 대한 모든 것을 알려준다거나 뇌과학으로 마음을 뜻하는 대로 조작할 수 있다는 식으로 포장되는 경우를 더러 보았기 때문이다.

현재 과학계는 뇌에 대해 몇 퍼센트쯤 알고 있나?
나는 치매 치료에 관심이 있는데, 혹시 내가 과학자가 되었을 무렵엔 연구가 다 끝나 있지는 않을까?

뇌를 완벽하게 아는 상태인 100퍼센트가 어떤 상태인지 알아야 현재 몇 퍼센트나 알고 있는지 계산할 수 있다. 하지만 완벽하게 아는 상태가 아닌 지금으로서는 몇 퍼센트나 알고 있는지, 지금 어디까지 와 있는지 알기가 어렵다. 과학자들은 현재의 기술로 이제까지 불가능했던 무엇을 탐구할 수 있을지, 끊임없이 질문하면서 계속 연구할 뿐이다.

10년 안에 널리 보급하기 쉬운 완벽한 치매 치료법이 나오기는 어렵지 않을까 조심스럽게 짐작한다. 하지만 설사 그런 치료법이 나오더라도 별문제가 안 될 수 있다. 공부하는 동안 본인의 관심사와 질문도 계속 변해갈 것이기 때문이다.

뇌과학자가 되는 방법은?

뇌과학은 다학제적인 특성이 매우 강한 학문이다. 한 분야만 잘해서는 안 되고, 생물학, 수학, 전산학, 심리학 등 몇몇 분야의 기초를 다져서 협력 연구는 할 수 있는 정도의 수준을 갖추는 것이 갈수록 중요해질 듯하다. 구체적으로 어떤 분야들을 공부하면 좋을지는 몇 년 뒤 본인이 대학원에 들어갈 무렵의 상황과 본인의 관심사에 따라 달라질 것이다. 어딜 가든 데이터를 분석하는 수단인 전산과 통계는 할 수 있어야 하지 않을까 싶다. 더 자세한 내용이 궁금하다면 남궁석 교수님의 『과학자가 되는 방법』을 읽어보기를 추천한다.

어떤 뇌과학 자료를 신뢰할 수 있을지 알기 어렵다.
뇌과학을 공부할 수 있는 방법은?

무엇이 신뢰할 만한 한국어 자료인지 판단하기 어렵다는 데 동감한다. 이렇게 말하면 광고 같지만, 이전 책 『송민령의 뇌과학 연구소』를 그런 목적에서 썼다. 책이 부담스럽다면 《사이언스타임즈》, 《동아사이언스》, 《한겨레 미래&과학》 등도 과학적인 내용을 정확하게 잘 전달하는 편이다. 내가 모르는 다른 좋은 매체들이 더 있을 수 있다. 진지하게 관심이 있다면 뇌과학에 대한 대학 교재도 조금씩 읽어보기를 바란다. 뇌과학 말고 생물학 기초 지식도 어느 정도 갖추는 것이 좋다.

뇌과학을 전공하면 어떤 직업을 선택할 수 있는가? 전망은?

취업에 대한 불안 때문인지 전망에 대한 질문이 많았다. 하지만 아직 학생인 내가 뭐라고 말할 수는 없었다. 다만 세부 전공과 공부한 정도에 따라 차이가 클 수 있다는 점은 알려주었다. 뇌과학 안에도 세포생물학 실험을 많이 하는 분야, 동물이나 사람으로 인지 실험을 많이 하는 분야, 컴퓨터 모델링이나 인공지능과 관련이 깊은 분야, 정신질환과 관련이 깊은 분야 등 여러 하위 분야가 있다. 이 중 어떤 분야를 어떤 방법으로 연구하느냐에 따라 얻을 수 있는 능력과 지식, 나에게 관심 갖는 직장들이 달라진다.

적어도 내 주변에는 대학이나 연구소에 남기를 원하는 뇌과학 전공자가 많지만, 현실적으로 학계에 남을 수 있는 비율은 절반도 안 된다. 인공지능과 연관될 수 있는 쪽을 공부한 사람들은 IT 업계로 가기도 한다. 뇌과학이 대중에게는 인기가 많지만, 비교적 최신 학문이라서 뇌과학자를 어떻게 활용해야 할지는 채용자들도 잘 모를 수 있을 것 같다.

그리고 약간 다른 이야기를 보탰다. 내가 생물학과 수학을 복수전공하면서 뇌과학을 하려고 마음먹던 무렵에는 뇌과학이라는 단어를 아는 사람도 드물었고, 뇌과학을 유망 분야라고 말하는 사람도 적었다. 지금은 많은 사람이 뇌과학을 궁금해하지만, 뇌과학이 좋아서 공부해온 나도 10년 만에 뇌과학이 이렇게 인기가 많아질 줄 몰랐다.

여기서 10년이 더 지난 뒤에는 어떨까? 알파고를 만든 구글 딥마인드의 데미스 허사비스Demis Hassabis는 장래에 인공지능 과학자, 혹은 과학자의 연구를 돕는 인공지능을 만들고 싶다는 포부를 밝혔다. 아주 오랜 시간 동안 과학자가 되겠다고 연구해왔는데, 어쩌면 과학자라는 직업의 활동과 숫자가 크게 변할 수도 있겠다는 생각이 들었다. 그러면 어떻게 해야 할까? 사회가 계속 변하니까 대학을 졸업한 후에도 평생 공부하고 배워야 한다는 것 하나만은 확실하다. 하지만 무엇을 어떻게 준비해야 할지는 나도 정말 알고 싶다. 어쩌면 성공해서 잘살고 있는 사람들도, 자기가 잘될 줄 확신하지 못하고 살아오지 않았을까?

뇌과학자가 되기로 결심한 계기는?

'뇌과학자가 되기로 결심한 계기'에 대한 질문은 인터뷰할 때마다 거의 항상 들어온다. 사람마다 다를 수는 있겠지만, 나는 과학에 관한 한 다른 이들의 계기가 궁금했던 적이 없다. 내가 하고 싶은 내 일이니까 나의 계기가 중요했을 뿐이다. 그래서 뇌과학을 전공하기로 한 이유를 묻는 사람이 이렇게나 많다는 사실은 나에게 신선하게 다가왔다. 생각해보면 나도 탐험가, 사업가, 배우가 왜 그 직업을 선택했는지는 궁금하다. 아마도 사람들은 자신에게 낯선 일에 종사하는 사람들이 그 일을 택하게 된 계기가 궁금하게 마련이고, (뇌)과학자라는 직업은 사람들에게 비교적 낯선 일인 듯하다.

민망하기는 하지만 자주 들었던 질문이기에 굳이 말하자면, 드라마틱한 계기는 없었다. 중학교 때 수학경시대회를 준비하면서 같은 문제집을 처음부터 끝까지 두세 번 반복해서 풀었었다. 그때마다 해법을 간단히 메모해두었는데 같은 사람인 내가 같은 문제를 푸는데도 풀 때마다 해법이 다르다는 사실을 깨달았다. 특히 최근의 해법은 내가 최근에 배운 내용과 관련이 깊었다. 그때부터 뇌의 원리가 궁금해졌다. 나의 생각과 마음을 유심히 보게 되었고,

사람들의 말과 행동이 최근의 기억과 상황에 얼마나 영향을 받는지에도 관심을 갖게 되었다.

대단한 뭔가를 기대했다면 정말이지 김이 샐 만한 계기다. 하지만 나한테는 의미가 있었고, 재미있었고, 강렬했다. 뇌과학자가 되려고 진지하게 고민하는 분이건, 취미처럼 관심이 생긴 분이건, 다른 누군가의 계기보다는 자신의 계기에 관심을 가지고 자신의 계기를 더 소중히 여기기를 바란다. 당신의 계기가 타인에게 해를 끼치는 것만 아니라면, 나는 당신이 당신의 계기를 아끼고 가꾸면서 당신의 꽃을 피우기를 소망한다.

끝으로, 주로 어떤 이들이 인터뷰를 청했는가

이렇게 쓰면 내가 인터뷰를 많이 한 것 같지만, 뇌과학에 대한 인터뷰는 소소하게 일곱 번 정도 했다. 여고생들과 세 번, 여대생들과 한 번, 대학 학과에서 한 번, 인공지능 관련 소식지를 내는 곳에서 한 번, 초등학생 교육지에서 한 번 했다. 샘플 숫자가 작기는 하지만, 여학생들이 과반수를 차지한다. 아직도 학생 신분을 벗어나지 못한 부족한 선배라 미안하지만, 확실히 앞서간 여성들이 있다는 게 영향을 끼치기는 하는 모양이다. 나도 길을 가다가 여자 교수님들을 뵙기만 해도 괜히 좋고, 유치원생처럼 수줍어지고 그런다.

나는 여성이건, 다문화 가정의 자녀이건, 장애인이건, 그들이 약자이고 그들을 돕는 것이 정치적으로 옳으니까 도와야 한다고는 생각하지 않는다. 주류는 주류의 질서를 넘어서는 사고를 하기 어렵지만, 비주류의 다름과 그들의 독특한 경험은 사회에 새로운 관점을 보태는 데 유리하다. 그래서 비주류가 활약할 수 있는 여건을 마련하는 것은 사회 다수를 위해서도 유익하다고 생각한다.

예컨대 여성들은 과학기술의 윤리적인 활용 측면에서 탁월한 것 같다. 『침묵의 봄』을 저술한 레이철 카슨Rachel Carson, 신경윤리학계에서 크게 활약하고 있는 마르타 파라Martha Farah, 주디 일리스Judy Illes, 노라 볼코Nora Volkow, 미국 식품의약국FDA에 근무하는 동안 기형아를 유발하는 약의 승인을 막아낸 프랜시스 켈시Frances Kelsey, 얼마 전 생명공학 윤리에 대해 책을 내신 송기원 교수님 등이 그런 분들이며, 조심스럽게 보태자면 나도 신경윤리학에 관심이 있는 편이다. 남성들이 윤리적인 측면에 무관심하다는 의미는 결코 아니다(유전 기술의 윤리적인 측면, 로봇의 도덕적인 이용을 고민하는 남성 과학기술인들도 한국에 있다). 하지만 여성 과학기술인이 남성 과학기술인에 비해 확연히 적다는 사실에 비추어볼 때, 과학기술의 윤리적인 활용면에서 나타난 여성 과기인들의 활약은 이채롭게 보인다.

주류의 시각에서 보면 비주류는 당연히 못나고 이상해 보이고, 비주류가 적은 상황에서는 이들의 장점을 다른 이들이 경험할 기회도 적다. 내가 언급한 윤리 분야도 비주류가 가진 무수한 장점 중 한 가지에 불과할 것이다. 여성이 아니어도 좋다. 다양한 비주류의 장점을 기꺼이 활용할 수 있는 사회가 되어가기를 바란다.

2. 세상을 보는 시각을 여는 '질문'

ㄴ —

뇌과학은 다학제적인 특성이 강하다. 그래서 '뇌과학=인공지능'이라고 잘못 이해하거나, 뇌과학이 정신병리학 등 마음에 관련된 모든 학문을 포함한다고 오해하는 경우가 많다. 뇌과학처럼 다학제적인 학문은 어떻게 생겨나는지, 학문이 다학제적이라는 말의 의미는 무엇인지 살펴보자.

—

질문은 기존의 지식과 인식틀에서 생겨난다. 예를 들어 "의식에 중요한 뇌 영역은 무엇인가?"라는 질문은 의식이 명확하게 정의되어 있고, 뇌 영역들은 저마다 다른 기능을 수행한다는 가정을 깔고 있다. 그래서 뭔가를 배우고 나면 질문에 대한 답을 얻기보다는 질문 자체가 바뀌곤 한다.

분야마다 다른 질문

내가 학부 과정에서 공부할 때는 대학에 뇌과학과가 없었다. 뇌는 궁금한데 학과가 없으니 필요할 법한 수업을 찾아서 들어야 했다.

그래서 수학과 생물학을 복수 전공하고 전자공학과 수업을 조금 들었다. 수학은 과학의 언어이고, 뇌는 생명 현상의 일부이며, 신경세포는 전기신호를 주고받기 때문이다. 이 과정에서 학과마다 인식틀과 질문이 다르다는 사실을 깨달았다.

생물학과 교수님은 "외우지 않은 지식은 지식이 아니다"라고 하셨다. 인터넷에 자료가 많아도 '무엇을, 왜 검색해야겠다'라는 생각이 없으면, 쉽게 찾을 수 있는 자료도 활용하지 못하는 경우를 보면서 교수님이 옳았음을 알게 되었다. 생리학처럼 조금 다른 과목도 있었지만, 대부분의 생물학 과목은 유전자가 복제되어 단백질로 발현되고, 단백질들이 상호작용하는 구체적인 과정과 그 변주에 대한 내용이었다. 한편 수학과 교수님은 학생들이 지난 학기에 배운 것을 잘 대답하지 못할 때 "이 녀석들, 이해를 안 하고 외우니까 잊어버리지"라고 하셨다. 수학에서 자주 사용되는 변수 'x'는 무한히 다채로운 무언가가 될 수 있었고, 똑같은 명제도 과목마다 다양한 방식으로 증명되고 서술될 수 있었다. 나는 수학 시험 전날에는 반드시 일정 시간 이상을 잤고, 생물학 시험 전날에는 밤을 새워서라도 외웠다.

전자공학은 수학이나 생물학 같은 자연과학과 또 달랐다. 수학에서는 0.00001처럼 작은 숫자도 0이 아니었지만 전자공학에서는 그냥 0이었다. 교수님은 "기업과 회의를 하는 자리에서 30분 동안 계산해서 알려줄 거냐. 바로 추정치를 알려줄 수 있어야 한다"

라고 하셨다. 나는 0.1이면 0이라고 써도 될지, 0.01 정도는 되어야 0이라고 쓸 수 있을지 매번 고민했다. 수업 시간에는 뉴스에도 나오는 최신 기술이 자주 언급됐고, 나는 교실에서도 빠른 변화를 느끼며 가슴이 두근거렸다.

이런 과정을 통해 전공 분야마다 관심 대상과 접근 방식이 다르고 질문도 다르다는 것을 깨닫게 되었다. 해저 탐험을 다룬 영상을 함께 보고도 '저 잠수함을 어떻게 만들까'라고 질문하며 눈이 반짝이는 공학자와, '심해에는 빛이 없는데 왜 알록달록한 심해어가 있는가'라고 고민하는 자연과학자로 나뉘는 것이다. 결국 전공 지식이란, 특정한 분야의 맥락과 시각에 따라 질문을 만들고, 질문의 답을 찾는 과정에서 얻어진 지식이었다.

뇌과학 안의 다양성

뇌과학은 대단히 다학제적인 분야다. 뇌과학 학과가 생기기 전에는 심리학과에서 뇌에 관심 있는 교수님 두어 분, 컴퓨터과학과에서 언어와 시각을 연구하는 교수님 두어 분, 생물학과에서 신경세포를 연구하는 교수님 두어 분이 흩어져 있었다. 뇌를 연구할 수 있는 수단이 늘어나고, 뇌에 대한 관심이 높아지면서 이 교수님들을 모으고 추가 임용을 거쳐 뇌과학 프로그램이 만들어졌고, 때로는 뇌과학 학과로 발전했다.

그래서 같은 뇌과학 저널에 실린 논문이라도 주된 저자의 전공에 따라 사용하는 언어, 방법, 질문이 모두 다르다. 심리학 쪽 배경이 강한 사람은 뇌영상 기술로 사람을 연구할 때가 많다. 컴퓨터과학 기반을 가진 사람은 심리 활동의 일부를 변수로 단순화시켜 컴퓨터 모델로 만들 때가 많고, 동물 실험을 하면서 온갖 다양함을 경험한 생물학자들은 이런 단순화를 불편해하기도 한다. 그래서 자기만의 질문을, 다른 사람들도 중요하다고 여길 만하고 현재 기술로 해결할 수 있는 형태로 다듬어가면서 연구를 진행한다. 연구는 질문을 해결하는 과정이기도 하지만 질문을 찾아가는 과정이기도 한 셈이다.

그래서 배우면 배울수록 질문이 바뀐다. 처음으로 뇌과학 연구실에 다니기 시작했을 때, 장래에 연구하고 싶은 질문을 노트에 정리했다. 아직도 그 노트를 가지고 있는데, "기억은 행동을 어떻게 바꾸는가? 감정과 관련된 뇌 기전은 무엇인가?"처럼 일상적이고 포괄적인 것들이었다. 하지만 공부를 하면서 의식적으로 떠올릴 수 있는 기억만이 기억이 아니고, 신경계의 구조 변화를 유발하는 모든 것이 기억에 포괄됨을 알게 되었다. 또 뇌 속에서 이성과 감정이 분명하게 나뉘지 않음을 알게 되었다. 그러면서 내가 안다고 믿는 것에는 조심스러워지고, 질문은 구체화되어갔다. "확률적인 보상의 확률이 변할 때 도파민은 어떻게 활동하며, 이 활동은 학습 추이에 어떤 영향을 미치는가"처럼. 질문이 먼저고, 지식이 따라오면 지식을 딛고 질문이 한 걸음 더 나아가는 식이었다.

변화를 시작하고 초대하는 과정: 질문

목소리 큰 사람이 이긴다고들 하지만 강한 주장에는 의외로 설득력이 없다. 상대를 방어적으로 만들기 때문에 상대는 입을 다물고 생각도 굳힐 것이다. 반면에 질문은 상대방을 초대하고 함께 변해가는 과정이다. "진짜 그래? 왜 그래? 어떻게 그래?"라는 질문은 이제까지 보지 못했던 것을 이제까지와는 다른 시각으로 바라보게 한다. 그래서 남들이 다 아는 지식, 남들이 중요하다고들 하는 질문 이상으로 나만이 할 수 있는 질문, 나를 한 걸음 더 나아가게 할 질문이 중요하다.

3. 뇌과학자는 뇌과학에 대해 얼마나 알까

ㄴ—

어린 시절에 보던 과학책에는 만물박사가 자주 등장했다. 그래서인지 과학자라면 과학의 모든 분야를 알 것이라고 오해하는 경우가 많다. 이런 오해는 대중의 앞에 나선 과학자에게 모르는 분야에 대해서도 '전문가'의 자격으로 말하도록 부추긴다. 모르는 것을 말하다 보면 틀리기 쉽고, '전문가'의 자격으로 틀린 이야기를 하면 혼란을 초래하거나 '과학자'에 대한 신뢰를 떨어뜨릴 수 있다. 과학이 세분화되고 방대해진 현대에는 과학자도 자기 전공이 아니면 잘 알지 못하며, 모를 때는 '모른다'라고 답하는 것이야말로 책임 있는 전문가의 태도다. 더 많은 시민들이 과학자의 '모른다'라는 대답에 익숙해지기를 바라며 썼다.

—

매년 10월 말과 11월 중순 사이에는 신경과학 협회Society for Neuroscience에서 주관하는 학회가 4박 5일 동안 열린다. 샌디에이고, 시카고, 워싱턴에서 한 번씩 돌아가면서 열리는 이 학회에는 해마다 무려 3만 명 이상이 참석하고, 1만 5,000개 이상의 학술 포스터가 게시되며, 심포지엄과 부속 행사의 개수만 200개가 넘는다.

신경발달	신경흥분성 스냅스	신경퇴행성질환	감각시스템	운동시스템	통합생리학과 행동	동기와 감정	인지	신경기술	역사와 교육
신경발생과 교세포발달	신경전달물질과 신호 분자들	뇌 건강과 나이듦	감각 이상	눈 운동	신경생태학	욕구와 혐오에 관련된 학습	동물의 인지와 행동	분자, 생화학, 유전 기술	뇌과학의 역사
출생 후 신경발달	리간드로 열리고 닫히는 이온채널들	알츠하이머병과 그 외 치매	체성감각: 통증	소뇌	행동에 관련된 신경내분비	동기	인간의 인지와 행동	시스템 생물학과 생물정보학	뇌과학 가르치기
줄기 세포와 재프로그램	G-단백질 연결 수용체들	파킨슨병	체성감각: 촉감	기저핵	신경내분비 과정	감정	조현병	해부학적 수단	뇌과학에 대한 대중의 의식
이식과 재생	이온 채널들	운동 질환	후각과 맛	수의 운동	스트레스와 뇌	정서질환: 우울증과 양극성장애		생리학적 수단	뇌과학의 정치 윤리적 이슈들
수상돌기와 축색돌기 발달	수송체들	신경근 질환	청각	뇌-기계 접속	신경면역	불안증		생물표지자와 약물 운송	
시냅스 생성과 활동 의존성 발달	신경전달물질 분비	신경독성, 감염과 신경보호	시각	자세와 걸음걸이	뇌 속 혈류, 대사, 항상성	외상 후 스트레스 증후군		계산, 모델링과 시뮬레이션	
발달 장애	시냅스 전달	빈혈	전정계	율동있는 움직임 패턴의 생산	자율신경 조정	그외 정신질환		데이터 분석과 통계	
운동계, 감각계, 변연계의 발달	시냅스 가소성	뇌졸중	시각과 움직임 처리	호흡 조절	생체 리듬과 수면	약물 남용과 중독			
청소년기 발달	세포막의 내재성 특징들	뇌 손상과 트라우마	다감각 통합	척수 부상과 가소성	갈증과 수분 균형				
발달과 진화	네트워크 상호작용			운동 신경과 근육	음식 섭취와 에너지 균형				
	간질								
	교세포의 작용원리								
	수초를 제거하는 질병들								
	신경종양학								

멍하게 다니다가는 "여긴 어디? 나는 누구?"라는 혼란에 빠지기 십상이다. 학회장이 워낙 넓고 북적거리는 데다가, '뇌과학'이라는 분야도 크기 때문이다. 학회에서 분류한 큰 주제(앞쪽 표에서 주황색)만 10개이고, 중간 주제는 84개(앞쪽 표에서 나머지)이며, 소주제는 수백 개에 달한다.

이 표에서 두 가지 사실을 알 수 있다. 첫째, 뇌과학의 모든 분야를 아는 뇌과학자는 있을 수 없다. 어떻게 한 사람이 84개나 되는 분야를 다 알 수가 있겠나. 대학의 학과도 이 분야들을 모두 다루기는 어렵다. 뇌과학이 빠르게 발전하는 탓에, 바뀌거나 새로 생겨나는 연구 주제도 많다.

이 중에서 내가 다른 연구자들 앞에서 조금이라도 아는 체를 할 수 있는 중간 주제는 7~8개 정도로 84개 중에서 9퍼센트도 안 된다. 그나마도 2개는 뇌과학이 아닌 뇌과학의 '역사와 교육'에 속하니, 내가 세미나를 들으면서 처음부터 끝까지 이해할 수 있는 '뇌과학'의 비율은 더 줄어든다. 아는 분야보다 모르는 분야가 훨씬 더 많은 것이다.

그래도 뇌과학자니까 다른 분야도 잠깐만 훑어보면 금방 알 수 있지 않을까? 그렇지 않다. 주제가 다르면 연구의 맥락, 용어, 연구 방법도 대체로 다르기 때문이다. 흔히들 생각하는 것처럼 '과학은 고정불변의 팩트'가 아니어서 이전의 연구 결과가 나중에 뒤집어지기도 하는데 잠깐 훑어봐서는 이런 변화를 알아차리기도 어렵다. 이처럼 뇌과학 전공자라고 해도 뇌과학 전체를 알지는 못하며, 자기 전공이 아닌 분야에 대해 말하기란 부담스럽고 조심스럽다.

둘째, 흔히들 뇌과학이 답해주리라고 기대하는 질문들이 있다. 대개는 감정과 이성처럼 마음에 관련된 질문이거나, '남자의 뇌와 여자의 뇌', '천재의 뇌', '효과적인 공부 방법'처럼 사회적인 맥락에서 생겨난 질문들이다. 그런데 앞의 표를 보면 알겠지만 뇌과학은 이런 질문들을 직접 다루지는 않는다. 뇌과학은 신경계의 원리를 탐구하는 생물학의 한 분야로서, 신경계와 직접 관련된 측정 가능한 대상만을 다루기 때문이다.

위와 같은 질문은 뇌과학보다는 심리학, 인지과학, 행동경제학이 더 잘 대답해줄 수 있을 때가 많다. 뇌를 살펴보지 않아도 되는 심리학, 인지과학, 행동경제학은 마음과 행동의 여러 측면을 뇌과학보다 자유롭게 연구할 수 있기 때문이다.

손에 잡히지 않는 마음을 연구하는 학문보다는 뇌처럼 구체적인 물질을 연구하는 '과학'이 더 미덥게 여겨질 수는 있다. 뇌과학이 인기를 끌면서 심리학, 인지과학, 행동경제학의 성과까지 모두 뇌과학으로 포장되고 있어서 혼란스러울 수도 있다. 하지만 마음에 관한 학문을 모두 뇌과학에 포함된다고 간주하면, 심리학, 인지과학처럼 꼭 필요한 학문들이 평가절하 될 수 있다. 또 뇌과학으로 설명할 수 없는 마음의 현상까지 뇌의 생물학적인 특징으로 설명하는 경향이 만연하면, 우생학이 그랬던 것처럼 사람을 차별하고 뜯어고치는 데 뇌과학이 악용될 수 있다.

우리나라에서 뇌과학이 인기인데, 정작 뇌과학이 어떤 학문인지는 모르는 이가 많아서 신기하면서도 안타까웠다. 뇌과학이라는 인기 키워드가 소비되고 있을 뿐, 뇌를 진짜로 이해해가는 사람은 드문 것 같았다. 내가 좋아하는 학문이 흥밋거리로 소비되기보다는 정확하게 이해되기를 바라는 마음에서, 뇌과학을 진짜로 좋아하는 사람들에게 뇌과학 학회를 소개하고픈 마음에서 글을 썼다.

4. 정합성과 체계를 갖춘 지식

└→ —

뇌과학과 관련된 인터넷 자료가 갈수록 늘어간다. 그런데 인터넷으로는 정보의 조각을 얻을 수 있을 뿐, 정합성과 체계를 갖춘 지식을 갖추기가 어렵다. 정보의 아귀를 맞춰보며 제대로 알아가려는 노력을 하지 않으면, '다 안다'라고 착각할 뿐 실제로는 잘못 알거나 어설프게 아는 데서 멈출 수 있다.

—

인터넷으로 뇌에 대해 검색하다 보면 적어도 세 가지 사실을 알게 된다.

첫째, 뇌에는 수많은 신경세포가 있다. 이 신경세포들이 기억, 감각, 감정, 운동에 필요한 작업을 처리한다. 요즘은 초등학생도 많이들 아는, 쉬운 내용이다.

둘째, 뇌 속에는 각기 다른 기능을 수행하는 여러 영역이 있다. 예컨대 귀 안쪽에 있는 해마는 사건을 기억하는 데 중요한 부분이고, 이마 쪽에 있는 전전두엽은 의사 결정과 미래 계획 등에서 중요한 부위다. 인터넷에서 자주 접할 수 있는 익숙한 사실이다.

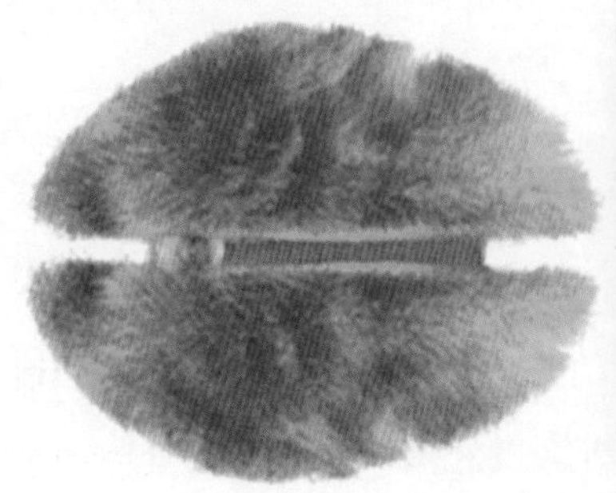

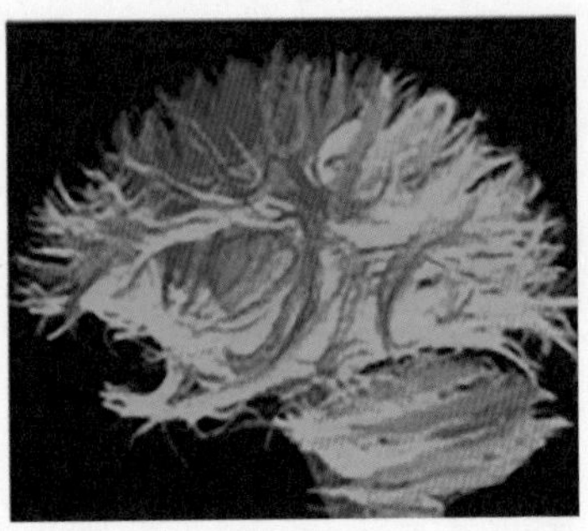

그림1 뇌 속 신경세포들의 연결

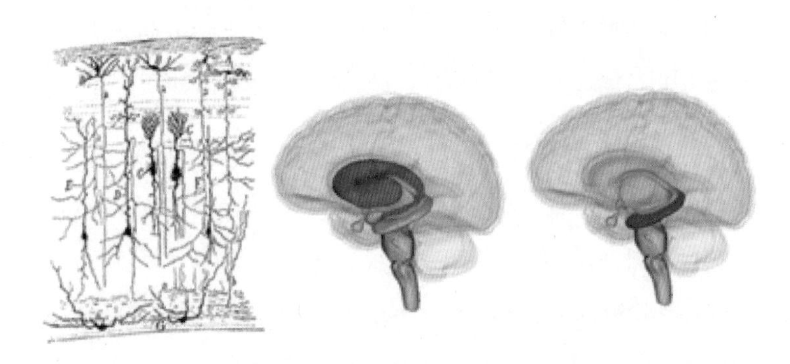

그림2 왼쪽: 다양한 모양을 가진 여러 가지 신경세포들.
가운데: 줄무늬체(striatum), 오른쪽: 해마(hippocampus).

셋째, 뇌는 신경세포들의 네트워크다. 아니, 이걸 누가 모르겠는가. 뇌는 당연히 신경세포들의 네트워크다. 비교적 긴 연결만 따로 모아놓고 봐도 그림1처럼 신경세포들 간의 연결이 무수히 많다. 연결이 너무 많아서 뇌가 보송보송한 솜뭉치로 보일 정도다.

그런데 이 세 가지 당연한 사실을 한자리에 모아놓고 보면 의문이 생긴다. 첫째, 똑같이 신경세포들로 이루어져 있는데 어떻게 부위마다 다른 기능을 수행할 수 있을까? 둘째, 뇌 속에 저렇게 많은 연결이 있는데 어떻게 한 부위와 다른 부위로 나눌 수 있을까?

부위마다 다른 기능

첫 번째 질문에 대한 답은, 뇌 부위마다 신경세포의 구성과 연결 방식이 다르다는 것이다. 뇌 속에는 수십에서 수백 가지의 다양한 신경세포들이 있다. 신경세포의 종류에 따라 신경세포의 모양과 발현하는 단백질의 종류(그림2의 왼쪽 참고)가 다르고, 정보 처리 방식도 다르다. 그래서 뇌 부위가 어떤 종류의 신경세포들로 구성되는지에 따라서, 뇌 부위에서 일어나는 정보 처리의 특성이 달라진다. 실제로 서로 다른 뇌 부위들은 신경세포의 구성이 다르다. 예를 들어서 학습과 선택에 관여하는 뇌 부위인 줄무늬체(그림2)의 신경세포는 90퍼센트 이상의 억제성 신경세포다. 하지만 전전두엽 등 다른 부위에는 억제성 신경세포의 비율이 더 적다.

뇌 부위의 기능을 결정하는 데는 신경세포들이 연결된 방식도 중요하다. 예컨대 어떤 자극이 들어왔을 때 피질(뇌 표면의 주름진 부분)에서는 신경세포의 7~10퍼센트가량이, 해마(그림2)에서는 신경세포의 1~2퍼센트가량이 활성화되도록 연결되어 있다. 하나의 자극에 소수의 신경세포만 반응하도록 구성된 해마는 비슷하지만 다양한 사건들을 구분하기에 유리하다. 해마가 어제 점심으로 먹은 것과, 오늘 점심으로 먹은 것을 구분해서 기억할 수 있는 이유다.

끝으로 각 부위마다 입력을 받는 부위와, 출력을 보내는 부위가 다르다. 뒤통수 쪽의 피질(후두엽, 그림3)에서는 눈으로부터 오는 시각 정보를 받아들인다. 이 부위는 시각 정보의 처리에 관여한다. 반면 이마 안쪽의 피질(전두엽)에서는 후두엽, 측두엽, 해마 등 여러 뇌 부위에서 처리된 정보를 받아들인다. 이 부위는 미래 계획, 의사 결정 등 추상적인 사고에 관여한다. 한편 감정에서 중요한 역할을 하는 편도체는 공포 반응(예: 바짝 굳어서 떨기)을 일으키는 뇌 부위들로 출력을 보낸다. 편도체의 활동이 공포 반응과 긴밀하게 연관된 이유다. 이처럼 신경세포들의 종류와 연결 방식, 입력과 출력을 이해하는 것이 뇌의 기능을 이해하는 데 중요하기 때문에 최근에는 네트워크라는 관점에서 뇌를 이해하려는 연구가 늘어나고 있다.

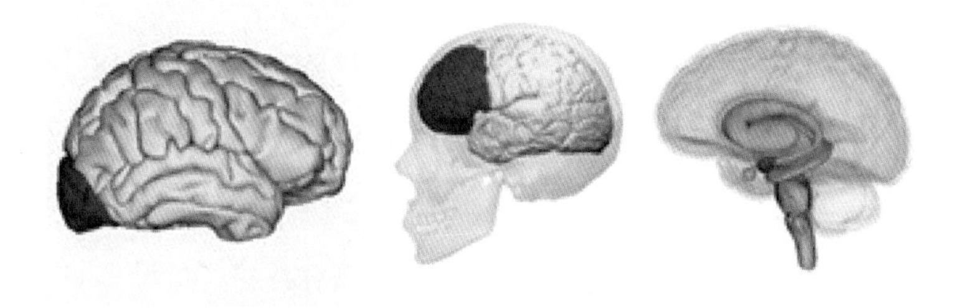

그림3 왼쪽: 후두엽, 가운데: 전전두엽, 오른쪽: 편도체

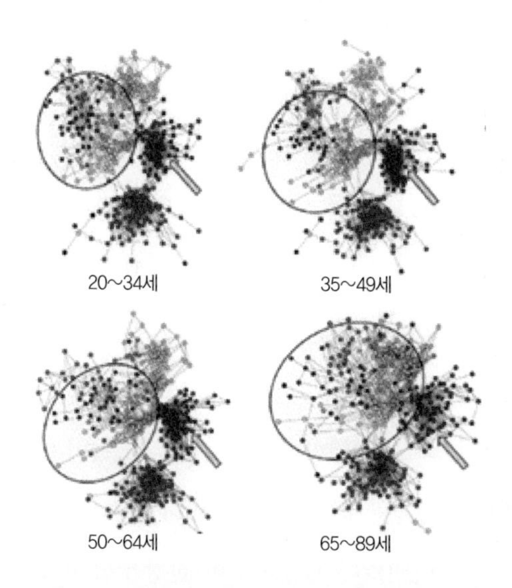

그림4 나이가 들수록 서로 다른 단위(각기 다른 색깔로 표시)들
간의 연결이 증가하고, 단위들 간의 구분이 약해진다.

뇌 신경망과 도로망 사이의 공통점

이제 두 번째 질문(뇌 속에 저렇게 많은 연결이 있는데 어떻게 한 부위와 다른 부위로 나눌 수 있을까)로 넘어가보자. 이 질문은 "우리나라의 여러 건물이 수많은 도로로 연결되어 있는데 어떻게 행정구역을 나눌 수 있을까?"라는 질문과 비슷하다. 우리나라의 건물들이 도로로 연결되어 있기는 하지만 어떤 건물들은 더 긴밀하게 연결되어 있다. 예컨대 부산의 건물들끼리는 부산과 포항에 있는 두 건물보다 더 긴밀하게 연결되어 있다.

뇌 속에서도 비교적 긴밀하게 연결된 부위들이 단위module를 구성하고 있다. 예컨대 해마의 신경세포는 해마 밖의 신경세포들과 연결되어 있기는 하지만, 해마 안에 있는 신경세포들과 더 긴밀하게 연결되어 있다. 그래서 뇌 속의 부위들은 자동차의 엔진, 바퀴, 연료통처럼 완벽하게 구분되는 것은 아니지만 어쨌든 느슨하게 구분되어 있다.

단위들이 구분되는 정도modularity는 그림4처럼 나이가 들수록 약해지는 경향이 있다. 나이가 들수록 서로 다른 부위들 간의 연결이 강해지기 때문이다. 단위들의 구분이 약해지는 정도는 인지 능력의 저하와도 깊은 관계를 맺고 있다고 한다. 협력하는 사람 사이에도 적당한 거리가 필요하듯이 신경세포 사이에도 그런 거리가 필요한 모양이다.

'이미 아니까 더 이상 궁금하지 않다'에서 '진실로 알게 될' 때까지

① 뇌 속의 신경세포들이 정보 처리를 한다. ② 뇌 속 부위들은 서로 다른 기능에 관여한다. ③ 뇌는 네트워크다라는 쉽고 당연한 사실에서 시작해서 여기까지 왔다. 쉽고 당연하게만 여겼는데 쉽고 당연한 사실이 아니었던 것이다.

'안다'라는 말은 '이미 아니까 더 이상 궁금하지 않다'라는 뜻일 때가 많다. 우리가 이미 안다고, 당연하다고 여기고 살아가는 수많은 사실을, 우리는 정말로 알고 있는 걸까? 과학은 그렇게 당연해 보이는 사실들의 아귀를 맞춰보고 질문하는 데서 시작된다.

5. 성인의 해마에서는 신경세포가 새로 생길까, 생기지 않을까

↳ —

《사이언스》처럼 저명한 저널에 실린 논문 한 편이 학계의 논란을 평정한다고 오해하는 경우가 있다. 저명한 저널의 논문일수록 엄밀한 심사 과정을 거치기는 하지만, 이들 논문의 주장이 나중에 부정되는 일도 드물지 않다. 더 적확한 후속 실험을 통해 반대 증거가 발견되었을 때 이런 일이 생긴다. 종종 오해하듯, 과학은 변치 않는 '팩트'가 아니라 과학자들이 증거를 겨루는 집단적인 과정이기 때문이다. 하지만 이런 과정이 생략된 채, 과학 활동의 결과인 지식만이 시민들에게 전해지곤 한다. 이번 글에서는 과학자들이 증거를 겨루는 한 장면을 소개했다.

—

성인이 된 후에는 새로운 신경세포가 생겨나지 않는다고 믿는 사람이 많다. 하지만 기억과 공간 탐색에 관련된 뇌 부위인 해마와 후각에 관련된 부위인 후각망울 등 일부 영역에서는 성인이 된 후에도 새로운 신경세포가 생긴다. 특히 해마에서의 신경세포 발생neurogenesis이 널리 연구돼왔다. 성인 해마의 신경세포 발생은 기억과 우울증, 노년기의 인지력 감퇴와 관련된다고 여겨

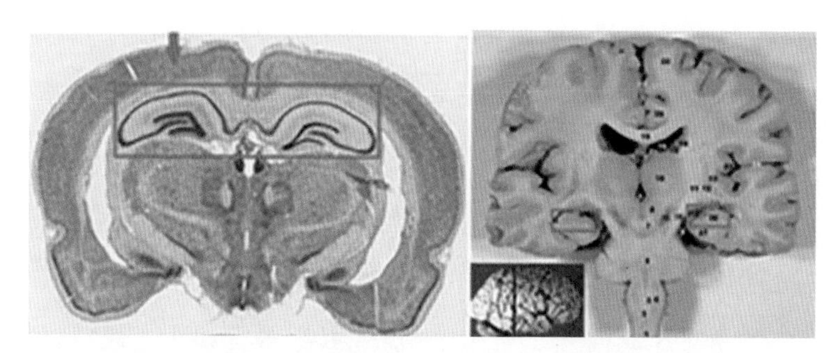

그림1 왼쪽: 생쥐 뇌의 해마. 오른쪽: 사람 뇌의 해마. 주황색 사각형 안쪽 부분이 해마다.

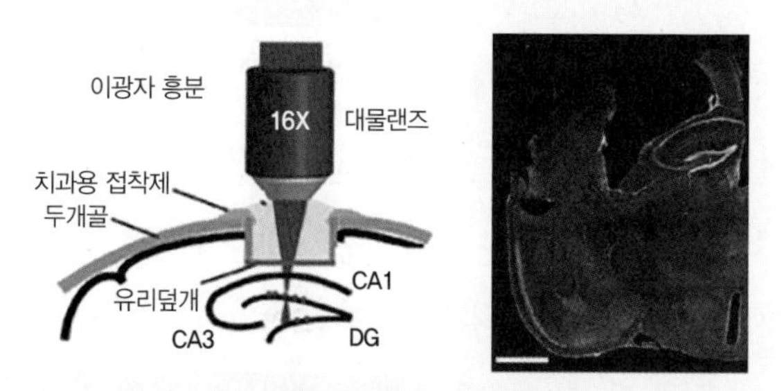

그림2 왼쪽: 윗부분의 피질을 제거하고 유리덮개를 고정한 뒤,
이광자 흥분 현미경으로 관측하는 모습.
오른쪽: 해마 윗부분의 피질을 제거한 모습.

지기 때문이다.

성체 생쥐의 해마에서는 새로운 신경세포가 생긴다

성체 생쥐의 해마에서는 새로운 신경세포가 생긴다는 사실이 오래전부터 알려져 있었다. 생쥐가 새로운 환경에 노출되는 등 새로운 자극을 많이 경험할수록 신경세포가 더 많이 생겼다.

2018년 3월에는 성체 생쥐의 해마에서 새로운 신경세포가 생기는 광경이 2개월에 걸쳐 촬영되기도 했다. 성체 해마의 신경세포 발생을 실시간으로 촬영한 것은 처음 있는 일이었다. 이런 동영상은 그 자체로도 경이로울 뿐만 아니라 성체 해마에서 신경세포가 발생하는 과정을 연구할 수 있게 도와준다.

연구팀은 이 장면을 촬영하기 위해서 소수의 신경 줄기세포에서만 형광물질이 발현되도록 생쥐의 유전자를 조작했다. 해마에는 새로운 신경세포를 발생시키는 신경 줄기세포가 너무 많아서 모든 신경 줄기세포에서 형광물질이 발현되게 하면 관찰이 어렵기 때문이다. 그 뒤, 이 생쥐의 뇌에서 해마 윗부분의 피질을 제거하고, 오랜 기간 관찰할 수 있도록 유리 덮개를 설치했다. 그리고 이광자 현미경two-photon microscopy을 사용해서 관측했다. 연구자들은 이 방법으로 2개월에 걸쳐 해마를 촬영하면서 신경 줄기세포에서 새로운 신경세포가 자라나는 것을 관찰할 수 있었다. 아래

링크*에서 이 멋진 영상을 볼 수 있다.

쥐와 달리 사람 성체의 해마에서는 새로운 신경세포가 생기지 않는다?

그런데 이 멋진 영상이 공개된 지 한 달 뒤, 《네이처》에 "생쥐와 달리 사람의 해마에서는 성인이 된 후에 새로운 신경세포가 거의 생기지 않는다"라는 내용의 논문이 출간되었다. 《네이처》쯤 되는 유명한 저널에 실린 내용이므로, "성인의 해마에서는 새로운 신경세포가 생기지 않는다"라고 믿으면 될까.

그렇지 않다. 많은 사람이 유명한 과학자의 주장이나 유명한 저널에 실린 논문이 학계를 평정한다고 오해하곤 한다. 하지만 과학계 안에도 몇 개의 서로 다른 이론이 공존한다. 이 중에 어떤 이론이 승리하는지는, 어떤 이론을 지지하는 실험 증거가 덜 부정되고 더 수용되는지에 달려 있다. 그리고 어떤 증거가 수용되거나 부정되는지는 실험 과정이 얼마나 엄밀하고 타당한지에 달려 있다. 유명한 과학자의 주장이나 유명한 저널에 실린 논문이 나중에 부정되는 일도 더러 있다.

앞에 언급된 《네이처》 논문에 대해서도 실험 과정의 타당성에 의

* https://medicalxpress.com/news/2018-02-stem-cell-divisions-adult-brain.html

문을 제기하는 글이 즉각 실렸다. 예를 들어서 소개된 《네이처》 연구에서는 기증자가 사망한 뒤 48시간 이내에 뇌 조직을 준비했는데, 이 시간 동안 뇌가 손상되어서 잘못된 결과가 나온 것은 아닐지 의문이 제기됐다. 그동안 동물과 사람의 해마에서 새로운 신경세포가 생긴다는 증거가 축적돼왔는데 이 증거를 부정할 만한 근거가 있는지에 대한 논의도 시작됐다. 이 새로운 결과를 지지·반박하는 후속 연구가 나올 것은 당연한 수순이었다.

아니다, 성인의 해마에서도 새로운 신경세포가 생긴다?

그리고 아니나 다를까, 바로 다음 해인 2019년, 성인의 해마에서도 새로운 신경세포가 생긴다는 논문이 《네이처 메디슨》에 출간되었다. 어째서 이 연구는 기존에 발견하지 못했던 새로운 신경세포를 발견할 수 있었을까?

생의학 연구에서는 실험에 사용한 동물의 조직이나, 기증받은 조직을 파라포름알데하이드 용액에 보관하는 경우가 많다. 파라포름알데하이드가 생체 조직이 부패하지 않도록 단백질끼리 연결해서 고정시키기 때문이다. (아인슈타인의 뇌도 오랫동안 포름알데하이드 용액에 보관되어 있었다.) 하지만 파라포름알데하이드 용액 속에 오래 보관하면, 고정이 지나쳐서 단백질을 탐지하기도 어려워지곤 한다.

뇌에서 신경세포가 새로 생겼는지, 생기지 않았는지를 연구할 때는 미성숙한 신경세포에서만 발현되는 특정한 단백질이 있는지 찾아보는 방법을 사용한다. 2019년 연구의 연구자들은 기증받은 뇌가 48시간 이상 파라포름알데하이드 용액 속에 있으면 이 단백질을 탐지하기가 힘들어진다는 사실을 발견했다. 그래서 이 연구에서는 기증받은 뇌를 24시간 동안만 파라포름알데하이드 용액에 담궈둔 후에 실험했다. 그 외에도 2018년 연구에 비해 실험 방법을 몇 가지 더 개선했다.

연구자들은 만 43세에서 87세 사이의 성인 13명의 뇌를 살펴보고, 성인의 해마에서도 새로운 신경세포가 계속 생긴다는 사실을 확인했다. 예컨대 만 43세 기증자의 해마에서는 4만 2,000개의 새로운 신경세포가 발견되었다. 다만 나이가 들수록 신경세포가 새로 생기는 정도는 감소했다. 해마에서 새로 생긴 신경세포의 수는 만 87세인 기증자가 만 43세인 기증자보다 30퍼센트 더 적었다.

과학은 증거가 경합하는 과정

자, 그렇다면 이번에야말로 "성인 해마에서는 새로운 신경세포가 생긴다"라고 결론을 내릴 수 있을까? 여기까지 글을 읽은 독자라면 선뜻 '그렇다'라고 대답하기가 망설여질 것이다. 그 신중함이

고맙고 소중하다. 앞으로도 연구 방법을 개선해가며 이쪽, 또는 저쪽 주장을 지지하는 증거들이 계속 축적될 것이다. 그러다가 한 쪽 주장에 대한 증거가 다른 쪽 주장에 대한 증거보다 훨씬 더 많아지면, 그때쯤에는 제법 분명하게 이쪽(또는 저쪽)이라고 말할 수 있다. 이것이 과학은 과학 공동체의 집단적인 노력을 통해 발전한다고 하는 이유이며, 과학은 결과보다 과정이 중요하다고 하는 까닭이다. 과학은 증거의 경합을 통해 발전한다.

그럼 과학자 집단이 증거를 겨루는 동안 비전공자인 우리는 어떻게 하면 좋을까. 지식이란 어차피 변해가므로 증거를 축적하는 과학적 사고와 방법을 훈련해야 한다. 그럴 때 끊임없이 배울 수 있고 가짜과학 지식으로부터 자신을 지킬 수 있다.

6. 상상 너머 실제를 본다는 것

ㄴ —

과학은 실제의 자연을 탐구하고 실험하는 과정이다. 그럼에도 과학 콘텐츠들은 자연 현상의 메커니즘(원리. 실제의 자연이 아닌 자연을 이해하는 특정한 방식)만을 소개하는 경우가 많다. 복잡한 현상을 축약해서 원리만 설명하는 이런 방식은 이해하기에는 좋지만, 지루하고 오해하기에도 좋다. 중요하지 않아 보이는 사항을 제외하고 원리만 추리는 과정에서 무엇이 중요하고 무엇이 중요하지 않은지에 대한 판단이 개입되기 때문이다. 또 기계와 자연을 유사한 태도로 이해하게 되기 때문이다. '메커니즘mechanism'이라는 단어도 '기계machine'에서 나왔다. 현장의 과학에서는 실제의 자연을 정확하게 측정하는 것이 대단히 중요하며, 측정 기술과 더불어 과학이 발전해왔다.

—

중학교 과학 시간에 세포 분열 과정에 대해서 배웠다. 유전자의 양이 두 배로 늘어나고, 유전자와 물질들이 양쪽으로 나뉘면서 한 개의 모세포에서 두 개의 딸세포가 생기는 과정이었다. 세포 분열의 각 단계를 묘사한 그림들을 올바른 순서로 정렬하는 문제가 시험에 출제되곤 했다.

교과서에 있는 대로 이해하고 외우기는 했지만, 별로 재미는 없었다. 세포랍시고 그려둔 동그라미로는 세포가 무엇이고 어떤 의미인지 거의 실감할 수 없었기 때문이다. 세포 분열에 대한 지식은 시험 성적으로든 무엇으로든 내 인생에 도움이 되기는 했지만 세상을 보는 시각을 바꿔주고 삶을 풍부하게 하지는 못했다.

세포 분열의 현장

그런데 지루했던 세포 분열 과정을 보며 돌고래 비명을 지르게 될 줄이야! 링크한 동영상* 의 1분 50초쯤부터는 세포들이 분열하는 모습을 볼 수 있다. 둥그런 초록색 덩어리들이 하나하나의 세포다. 동영상에서 하얀 글씨로 'dividing cell'이라고 표시된 부분을 눈여겨보다 보면 하나의 덩어리(하나의 모세포)가 양쪽으로 쭉 벌어지면서 두 개의 덩어리(두 개의 딸세포)가 되는 것을 관찰할 수 있다.

동영상의 3분 40초쯤부터는 세포(회색)가 분열할 때 세포 내 소기관인 골지체(초록색)와 소포체(진분홍), 미토콘드리아(파랑)의 분포가 어떻게 변해가는지도 볼 수 있다. 소포체는 RNA로부터 단

* https://vimeo.com/259389879

백질을 합성한 뒤, 골지체를 비롯한 세포 여러 부위로 보내는 역할을 한다. 한편 미토콘드리아는 생명 활동에 필요한 에너지를 생산하는 발전소 역할을 한다. 생명이 자라고 유지되려면 물이 아래로 내려오는 것처럼 저절로 되는 활동뿐만 아니라, 물을 위로 퍼 올리는 것처럼 에너지가 필요한 활동이 있다. 이런 활동을 할 때 마치 돈처럼 사용되는 물질이 ATP인데, 미토콘드리아는 ATP 합성에서 중요한 역할을 한다.

위 영상은 얼룩말 물고기zebra fish라는 물고기의 배아에서, 나중에 물고기의 뇌가 될 선구 세포들이 분열하는 장면을 44초 간격으로 200회 촬영한 것이다. 교과서의 그림이나 상상 속에서나 있던 골지체, 소포체, 미토콘드리아가 실제로 분열하는 장면을 보게 될 줄은 몰랐다. 그것도 세포 몇 개를 떼어낸 뒤에 현미경 아래에 놓고 보는 것이 아니라, 생명체 안에서 일어나는 생명 현상을!

심장이 두근거렸다. 내가 이럴 정도인데 이 연구를 직접 진행한 연구자라면 어땠겠는가. 연구책임자인 상관보다 먼저 세계 최초로, 살아 있는 생체 내부에서 면역 세포가 다른 물질을 먹는 장면을 보았던 연구자는 피부의 털이 서는 느낌이었다고 한다. 스티브 잡스와 스티브 워즈니악이 자신들이 만든 컴퓨터에서 처음으로 'Hello, World!'를 출력했을 때와 비슷한 느낌이 아니었을까.

살아 있는 생명체 내부의 생명 현상을 촬영하는 기술

앞의 영상은 격자 시트광 현미경lattice light sheet microscopy이라는 기술과 적응광학adaptive optics이라는 기술을 결합해서 만든 것이다. 시료에서 반사되는 빛 에너지를 검출하려면 시료에 빛을 쏘아주어야 하는데 이러면 빛이 너무 강해서 시료가 손상되곤 한다. 격자 시트광 현미경은 시료 전체에 강한 빛을 한 번에 쏘아주는 것이 아니라 시료의 한 끝에서 다른 끝까지 얇은 단면에 약한 빛을 여러 번 순차적으로 쏘아서 빛에 의한 시료의 손상을 줄이는 기술이다. 한편 적응광학은 천문대에서 별을 관측할 때 쓰이는 기술이다. 적응광학을 적용하면 별에서 오는 빛이 대기를 통과하면서 생기는 광학적인 왜곡을 줄여서 별을 더 선명하게 볼 수 있다. 격자 시트광 현미경만 사용하면 생체 조직들 때문에 빛이 왜곡되어서 표면에서 멀리 떨어진, 깊은 부분을 볼 수가 없다는 단점이 있었다. 하지만 가까이에 있는 미세한 대상을 보기 위한 격자 시트광 현미경 기술과 멀리 떨어진 거대한 천체를 보기 위한 적응광학 기술을 결합하면서 생명체 내부 깊은 곳에서 일어나는 현상도 볼 수 있게 되었다. 멋진 융합 사례다.

과학과 보도 사진

AP통신의 사진 기자 닉 우트는 네이팜탄 때문에 울면서 도망치는 소녀의 사진을 찍었다. '네이팜탄 소녀 사진'이라고 알려진 이 사진은 많은 사람에게 베트남전의 참상을 전하며 사람들의 마음을 움직였고, 닉 우트는 이 사진으로 퓰리처상을 받았다. 사진을 보기 전까지 사람들은 베트남 전쟁에 대해 나름의 의견을 가지고 있었을 것이고, 그 의견이 어떤 의미인지 분명히 안다고 믿었을 것이다. 하지만 사진을 본 뒤에야, 자신의 상상과 실제가 어딘가 다름을 깨닫고, 말이든 행동이든 변하기 시작했을 것이다.

과학과 기술이 보여주는 세계도 보도 사진이나 예술 작품과 비슷한 작용을 하는 것 같다. 갈릴레오가 망원경으로 울퉁불퉁한 달의 표면을 처음 보았을 때 세상에 대한 서양 사람들의 생각이 변하기 시작했고, 현미경으로 미생물을 볼 수 있게 되면서 질병에 대한 생각이 변하기 시작했으며, 우주에서 촬영한 한 장의 지구 사진이 환경 운동을 가속했으니까.

뇌와 마음을 이야기하면 많은 사람이 분노나 공격성처럼 '나쁘다'라고 여겨지는 측면을 억제하는 방법, 지능처럼 '좋다'라고 여겨지는 측면을 개선하는 방법을 궁금해한다. 어찌 보면 네이팜탄 소녀 사진을 보기 전에 베트남전에 대해 이야기하던 사람들과 비슷한 모습이다. 그래서 한 번쯤은 보고 싶다. 날카로운 선을 가진 보도 사진처럼, 뇌 속에서 일어나는 현상을 좋다거나 나쁘다는 가치 판단 없이 있는 그대로. 그 모습을 본 뒤에 우리는 마음에 대해 어떤 말을 하게 될까.

경이로운 풍경, 뇌

감기로 골골거리던 2014년 늦가을이었다. 과학 저널《사이언스》의 홈페이지를 뒤적이다가 면역 세포인 T세포가 표적 세포를 공격하는 영상을 보게 되었다. T세포는 바이러스에 감염된 세포와 암세포를 파괴하거나, 항원에 대한 정보를 기억했다가 같은 항원을 다시 만났을 때 면역계를 재빨리 활성화하는 등 면역계에서 중요한 역할을 한다.

하필이면 감기로 골골거릴 때 보았던 이 영상은 묘한 감동을 주었다. '지금 내 몸 어딘가에서 면역세포들이 저렇게 싸우고 있겠구나'라고 생각하니, 어쩐지 응원하고 싶기도 하고, 고맙기도 하고, 신비롭기도 했다. 교과서에서 T세포에 대한 지식을 배울 때나, T세포의 작용을 도식화한 그림을 보았을 때와는 아주 다른 느낌이었다.

이런 생각을 한 사람이 나 말고도 많았던 모양이다. 병리 현상을 연구하기 위해서는 병에 걸린 생체 조직이나 바이러스 등 병원체를 촬영할 때가 많다. 이렇게 얻어진 영상물에 착안하여 예술 작품을 만드는 일은 병으로 고생하는 사람들이나, 병으로 가족을 잃은 사람들이 고통을 재해석하고 슬픔에서 벗어나는 데 도움이 된다고 한다. 'Art of Pathology'로 검색하면 이와 유사한 작품을 많이 볼 수 있다.

과학의 문화적인 측면

'과학은 경제 발전을 위한 학문'이라고 여기는 이들이 많다. 부분적으로는 맞지만 그게 전부는 아니다. 과학은 문화적인 측면도 강하기 때문이다. 과학을 통해 얻어지는 나와 내 주변에 대한 이해는, 마치 철학이 그렇듯이 세상을 다르게 바라보게 한다. 그래서인지 과학 분야의 박사 학위는 철학 박사(PhD; doctor in philosophy)라고 불린다.

우리에게 느낌표를 선사하며 세상에 대한 시선을 바꿔주는 대표적인 분야는 예술인데, 과학은 특히 예술과 관련이 깊다. 수학자들은 수식에서 아름다움을 느끼고, 과학자들은 자신이 연구하는 자연 현상에 아름다움을 느끼며, 공학자도 자신의 제작물과 시뮬레이션에 아름다움을 느낀다. 적지 않은 과학자, 공학자들이 이런 매력에 빠져 과학자, 공학자의 길에 들어선다.

그래서인지 과학과 기술이 예술과 협력하는 경우가 더러 있다. 2018년 1월 서울시립과학관에서 있었던 '매드 사이언스 페스티벌'에는 과학자와 협력하기를 원하는 예술가들이 찾아왔다. 양자역학 같은 과학 발견이 예술에 영향을 주기도 하며, 과학을 전공하던 이가 예술가로 전향하기도 한다. 예를 들어, 줄리안 보스-안드레Julian Voss-Andreae는 양자역학을 공부한 뒤에 조각가가 되었다. 연구 대상에 착안하여 예술 작품을 만드는 일을 연구와 병행하는 과학자들도 있다. 그림1과 그림2는 세포와 병원체의 단백질을 연구하는 구조 생물학자인 데이비드 굿셀David Goodsell이 그린 작품이다.

과학자이면서 예술적 재능까지 겸비한 굿셀 교수는 특이한 사례에 속하지만, 연구 과정에서 얻어진 이미지가 아름다운 것은 이례적이지 않다. 구글에서 'Art in science'로 검색하면 아름다운 이미지들을 많이 얻을 수 있다(그림3, 그림4)

과학과 예술이 만나는 순간

그런데 "과학의 문화적인 측면이 중요하다"라고 말로만 전하면 사람들이 실감하기가 어렵다. 사람들이 흔히 '문화'라고 할 때 떠올리는 것을 과학을 통해 경험한 후에야 "과학에도 문화적인 면이 있구나!"라고 느낄 수 있다. 그래서 2018년 봄에서 여름에 걸쳐 〈경이로운 풍경, 뇌〉라는 강연을 진행했다. 서울 무교동에는 전면과 바닥, 한쪽 측면 전체에 프로젝트를 쏠 수 있고, 다른 쪽 측면

전체에 거울이 있는 '엘리펀트 스페이스'라는 공간이 있다. 이 공간에서 해상도가 높고 아름다운 뇌 이미지를 쏘아주면, 영화 〈러빙 빈센트〉, 〈모네, 빛을 그리다〉 전시처럼 뇌 속의 아름다운 풍경을 보고 느낄 수 있다(그림5, 그림6).

많은 이들이 뇌의 원리를 궁금해하고 그 지식이 어떻게 쓰일지 궁금해하지만, 쓸모를 떠나서 그저 바라보고 느낄 수도 있음을 알지 못한다. 그래서 '경이로운 풍경, 뇌' 강연은 원리를 설명하는 개념도 대신 뇌를 찍은 실제 이미지를 중심으로 구성했다. 어떤 부위인지 모른 채 이미지만 보면 재미가 없으므로, 뇌의 이미지를 설명하는 과정을 곁들였다. 또 과학에서는 과정이 매우 중요하다. 과학의 결과물만 이해하고 그 결과가 어떤 과정을 통해 얻어졌는지 알지 못하면 과학적 사고를 훈련할 수 없고 가짜과학에 속기도 쉽다. 그래서 동영상을 통해서나마 뇌 이미지들이 어떤 방법으로 얻어졌는지 설명하는 시간을 가졌다.

고해상도에 저작권에 문제가 없는 아름다운 뇌 이미지를 구하느라 곡절이 많았고, 품도 많이 들어갔지만 인상적인 기획이었다. 과학이 밝혀낸 결과물(원리)을 공부하는 사람들만큼이나 과학이 밝혀낸 자연의 경이로움을 즐기는 사람들이 많아지기를 바란다.

그림1 Mycoplasma mycoides

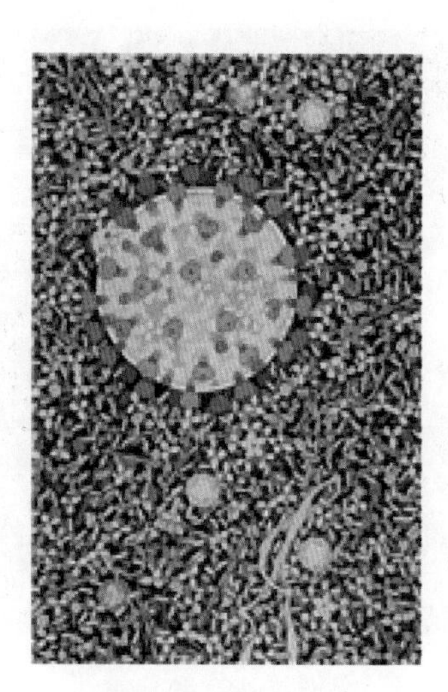

그림2 HIV in Blood Serum

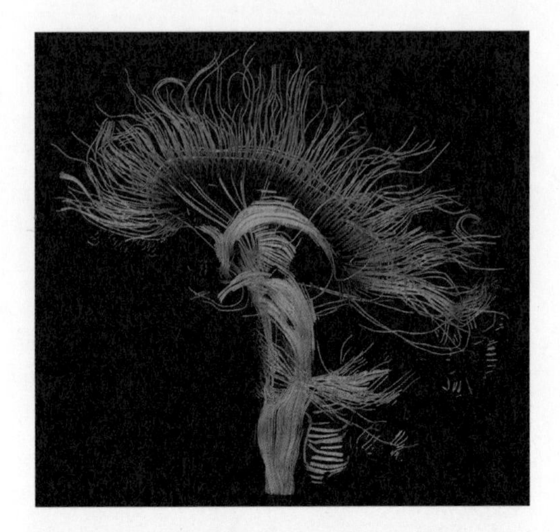

그림3 DTI-sagittal-fibers

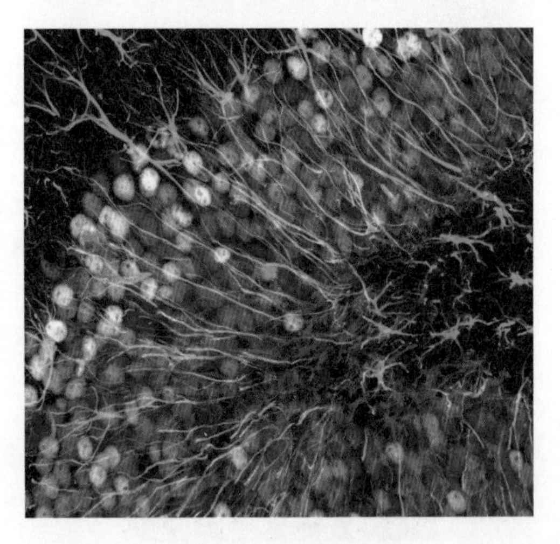

그림4 Neuronal explosion

그림5 〈경이로운 풍경, 뇌〉 전시 모습

7. 뇌 속 신경세포 860억 개, 그걸 어떻게 다 셌지?

└→ —

앞선 글에서 살펴본 것처럼 과학은 집단적인 과정이다. 그래서 한 조각의 지식이 발견되기까지는 수많은 과학자들의 오랜 노력이 필요하다. 이는 '사람의 뇌 속에는 약 1,000억 개의 신경세포가 있다'처럼 널리 알려진 지식에 대해서도 마찬가지다.

—

사람의 뇌 속에는 약 1,000억 개의 신경세포가 있다는 말을 한 번쯤 들어보았을 것이다. 좀 더 정확한 추산에 따르면 약 860억 개라고 하는데 여전히 엄청난 숫자다. 누군가 일일이 세어보고 알아냈으리라고는 도저히 믿어지지 않을 만큼 엄청난 숫자. 뇌 속에 860억 개의 신경세포가 있다는 사실은 어떻게 알아냈을까?

신경세포를 세는 법

우리 몸속에는 모양과 기능이 다른 여러 종류의 세포가 있다(그림1). 신경세포, 피부 상피 세포, 면역 세포, 소화액을 분비하는 세포 등 매우 다양하다. 여기서 질문이 있다. 서로 다른 종류의 체세포들(생식 세포가 아닌 세포들)이 가진 유전체는 같을까, 다를까?

우리 몸 안의 모든 세포는 부모님의 난자와 정자가 만나서 생겨난 수정란이 더 많은 숫자로 분열하고, 여러 종류로 분화하면서 생겨났다. 이 과정에서 세포 안에 있는 유전체는 변하지 않는다. 따라서 모든 체세포는 같은 유전체를 가지고 있다. 그럼에도 우리 몸 안에 다양한 종류의 세포가 있을 수 있는 것은 세포마다 발현되는 단백질의 종류가 다르기 때문이다.

모든 체세포의 유전체가 같다는 사실이 뇌 속 신경세포를 세는 데 유용하게 쓰일 수 있다. 뇌 속의 모든 세포를 파쇄한 다음, 파쇄액 속에 있는 유전체의 총량을 측정하고, 이 값을 세포 하나가 가진 유전체의 양으로 나누면 되기 때문이다. 어렵게 들릴 수 있지만, 실제로는 뇌 조직을 잘게 다진 다음에 말 그대로 기계적으로 으깨고, 세포막을 녹이는 단순하고 거친 방법을 사용한다. 포름알데하이드(박제할 때 쓰는 약물로 부패를 막고 조직을 굳힌다)로 충분히 고정한 뇌라면, 이런 과정을 거쳐도 유전체가 들어 있는 핵이 손상되지 않는다고 한다.

그 뒤 핵을 제외한 나머지 부분을 원심분리기로 분리해서 버린다. 남은 용액에 핵 속의 DNA와 결합하는 형광물질을 넣어주면 그림2의 A와 같이 동글동글한 핵(파란색)만 예쁘게 나타난다.

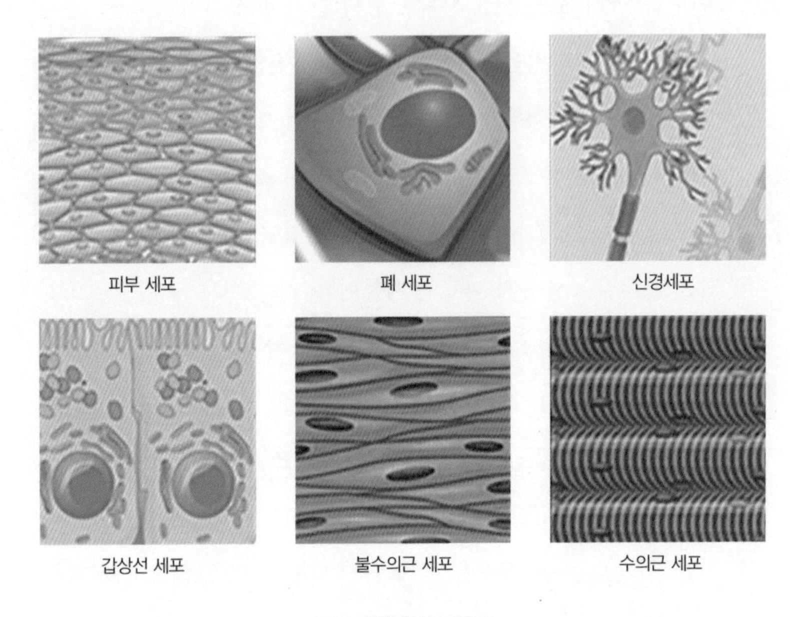

그림1 여러 종류의 세포들

그림2 A: 핵, B: NeuN, C: A와 B 병합

세포에는 핵이 하나만 있으므로 핵의 수를 세면 세포의 수를 알 수 있다. 이 많은 핵은 어떻게 셀까? 용액은 균질하므로 쌀가마니 속의 쌀알 개수를 세었던 오성과 한음처럼 꾀를 부리면 된다. 오성은 한 숟가락에 쌀알이 몇 개인지만 센 다음에, 한 되가 몇 숟가락인지, 한 가마니가 몇 되인지를 세고 곱해서 쌀 한 가마니에 담긴 쌀알 수를 구했다. 오성처럼 용액을 소량 덜어서 핵의 개수를 센 다음에, 전체 용액에는 핵이 몇 개 있을지 계산하면 된다.

그러면 이 숫자가 뇌 속 신경세포의 숫자일까? 아직 한 단계가 더 남았다. 우리는 아까 뇌 전체를 갈아서 넣었는데 뇌 속에는 신경세포만 있는 것이 아니라 교세포, 혈관 상피 세포 등 다른 종류의 세포도 많기 때문이다. 따라서 방금 센 핵의 숫자는 신경세포뿐만 아니라 신경세포가 아닌 세포들도 포함하는 수치다.

이 중에서 어떻게 신경세포의 핵만 골라낼 수 있을까? 다행히 신경세포의 핵에서만 발현되는 NeuN라는 단백질이 있다. 이 단백질과 결합하는 형광물질을 용액 속에 넣어주면 신경세포의 핵만이 형광물질의 색으로 보일 것이다(그림2의 B 주황색).

신경세포에 힘을 가해서 으깨고 부수었으니 NeuN이 핵을 떠나서 돌아다니거나, 핵이 깨졌을 가능성도 있다. 그러니 용액을 소량 덜어서 핵과 NeuN이 겹치는 경우의 숫자만 세어보자(그림2의 C에서 파란색과 주황색이 겹친 부분). 그다음 전체 용액에는 얼마가 들어 있을지 계산하면, 이번에야말로 뇌 속 신경세포의 개수를 얻을 수 있다.

숫자 하나가 나에게 전해지기까지

860억 개의 신경세포를 세는 이 모든 과정은 24시간 안에 마칠 수 있다고 한다. 참 쉽게 들리지만, 이 방법을 알게 되기까지 수십 년간 어려움이 많았다. 신경세포가 1,000억 개라는 말이 널리 알려져 있기는 하지만, 뇌 속 신경세포는 1,000억 개라는 주장을 한 최초의 논문이 뭔지도 불확실하다고 한다. 뇌를 얇게 잘라서 일일이 세는 방법 등 여러 방법이 시도되었고, 추산 방법에 따라 편차도 컸다. 때로는 숫자 하나를 밝히는 데도 많은 사람의 노고와 재치가 필요한 모양이다.

8. 과학 연구와 사회의 협업

↳ —

흔히들 과학은 산업발전을 통해서만 사회에 영향을 준다고 생각한다. 하지만 현대 과학은 기획, 연구, 적용의 전 단계에서 사회와 긴밀하게 상호작용한다. 해외의 대규모 뇌과학 프로젝트들을 통해, 이 상호작용이 어떻게 일어나는지 살펴보자.

—

뇌는 우리의 정체성과 긴밀하게 연관된 신체 조직이며 가장 가까이 있으면서도 가장 알려지지 않은 영역이다. 미국, 유럽연합, 중국, 캐나다, 호주, 한국, 일본에서는 뇌과학 연구를 지원하기 위한 대규모 프로젝트를 기획하고 있거나 운영하고 있다.

대규모 과학 프로젝트

예를 들어 미국에서는 '휴먼 게놈 프로젝트'와 비견될 규모의 뇌 연구 프로젝트인 브레인 이니셔티브BRAIN initiative를 추진하고 있다. 브레인 이니셔티브의 목표는 개별 신경 세포와 신경 네트워크의 역동적인 활동을 측정하고 조작하는 기술을 개발함으로써 뇌 연구를 진척시키는 것이다. 그래서 신경계의 활동을 세포 수준, 회로 수준, 행동 수준 등 여러 수준에서 관측하고 조절하는 기술, 사람의 뇌 활동을 비침습적으로 관측하는 기술, 이 기술들로 얻어진 방대한 데이터를 분석하는 기술이 발전할 것으로 기대된다. 이 기술들은 향후 치료를 비롯한 다른 목적에도 활용될 수 있을 것이다.

이 프로젝트는 과학자들의 자발적이고 공개적인 논의를 통해 기획되었다. 사람 뇌 신경망의 연결지도(커넥톰connectome)를 만들기 위한 프로젝트였던 '휴먼 커넥톰 프로젝트'가 어느 정도 무르익었을 무렵, 수십 명의 뇌과학 연구자와 나노과학 연구자가 모여 학회를 열었다. 이들은 뇌의 구조만이 아닌 활동을 나타내는 지도를 만들자는 프로젝트를 구상하고 이를 논문으로 출간했다. 이 제안은 후속 모임과 출판을 거치며 더욱 구체화되었고, 오바마 행정부의 지지와 승인을 거쳐서 2013년에 '브레인 이니셔티브'라는 이름으로 시작되었다. 과학자들은 프로젝트가 시작된 후에도《사이언스》,《네이처》의 칼럼과 공개 서한으로 프로젝트에 대한 의견을 전달했다.

어차피 과학자들의 주도로 프로젝트가 기획된다면, 왜 과학자들이 개별적으로 연구하게 두지 않고, 굳이 거대한 프로젝트를 추진할까? 과학 연구에서는 탐구 대상에 대한 정확한 측정과 분석이 중요하다. 따라서 마땅한 측정 기술과 분석 기술이 없으면 연구 자체가 불가능하다. 신경계를 측정하고 개발하는 기술을 발전시키려면 다른 분야들과의 협력이 필요하고, 또 실현할 수 있을지 장담하기 힘들 정도로 도전적인 목표를 이루려면 대규모 프로젝트를 통해 여러 과학자가 협력하는 편이 나을 수 있다.

사람의 유전체를 읽는 것이 목표였던 휴먼 게놈 프로젝트를 생각해보자. 지금은 개인의 유전체를 분석하는 데 100만 원 정도면 충분하지만, 프로젝트가 시작되던 1990년에는 대단히 도전적인 목표였다. 그 당시의 기술로는 유전 정보를 읽어들이는 데 지금보다 훨씬 더 많은 시간과 돈이 들었기 때문이다. 이 목표를 위해 미국, 영국, 독일, 프랑스, 중국, 일본 등 여러 나라에 흩어진 전문가들이 경쟁적으로 참여하면서 유전 정보를 읽고 분석하는 기술이 빠르게 발전했고, 데이터를 공개하는 시스템도 마련되었다. 개인 차원에서 목표로 삼기에는 힘든 거대한 목표를 대규모 프로젝트를 통해 공언해두고 자원 운용을 조절하지 않았다면, 이러한 성취는 이루기 어려웠을지도 모른다.

또 휴먼 게놈 프로젝트가 진행되는 동안 프로젝트의 목표가 달성되면 사회가 어떻게 변할지를 두고 다양한 논의와 우려, 상상이 촉발되었다. 이런 활동이 많으면 사회가 혼란스러워 보이기는 하지만, 그 덕에 〈가타카〉 같은 SF 작품이 등장했고 심리적·철학적·제도적으로 시민사회를 준비시키는 효과도 낳았다. 실제로 미국에서는 1996년부터 유전 정보에 근거한 차별을 금지하는 법안이 발의되었고 2008년에 법률로 제정되었다.

과학 프로젝트의 영향

프로젝트의 진행과 성과가 사회에 끼칠 영향을 예측하며 체계적으로 대응하는 일은 유럽의 휴먼 브레인 프로젝트에서 잘하는 편이다. 유럽의 휴먼 브레인 프로젝트는 뇌를 컴퓨터로 시뮬레이션하고 이를 위해 신경 정보를 분석하며, 신경계를 모방한 컴퓨팅과 로봇공학을 구현하는 것을 목표로 삼았다. 이 목표를 수행하는 과정에서 빅데이터 기술과 인간 의식에 대한 이해, 슈퍼 컴퓨팅 기술, 로봇공학, 신경 모방 기술이 발전할 것으로 기대하고 있다. 뇌가 워낙 방대하기 때문에 이 프로젝트에는 2013년부터 2023년까지 10년간 총 12억 달러가 투자될 예정이다.

프로젝트의 초안 단계에서부터 휴먼 브레인 프로젝트의 진행과 성과는 다양한 윤리적·사회적·철학적 논제를 던져줄 것으로 예상됐다. 그래서 전체 예산의 4.5퍼센트를 투자해서 잠재적인 기회와 위험, 윤리적인 문제들을 예측하고, 과학자, 시민, 사회학자, 철학자, 정책 관계자 등 여러 이해관계자들이 협의하며 대응할 수 있도록 했다. 흔히들 윤리와 규제는 기술 발전을 저해하지만, 바람직한 사회를 위해 어쩔 수 없이 감수해야 하는 것으로 여기곤 한다. 하지만 휴먼 브레인 프로젝트의 사례를 보면, 연구·개발과정에서의 윤리적 고찰을 통해 융합학문을 창발시키고, 관련된 기술을 마련하고, 제도도 실험해볼 수 있음을 알 수 있다. 어째서 그런지 살펴보자.

휴먼 브레인 프로젝트의 주된 목표 중 하나는 뇌를 시뮬레이션하는 것이다. 그러기 위해서는 여러 연구실에서 다양한 방법으로 생산한 연구 데이터를 공유할 필요가 있었다. 또한 이렇게 모은 방대한 데이터를 메타 연구에 활용할 수 있도록 분류하고 정리해야 했다. 특히 공유된 데이터가 개인의 뇌와 관련되는 만큼, 개인 정보를 보호하면서도 연구에 필요한 정보를 제공할 수 있어야 했다. 이 난제들을 해결하기 위해 데이터의 생산에서 분류, 폐기에 이르는 빅데이터 기술과 데이터를 공유하는 클라우드 컴퓨팅 기술이 개발되고, 이에 걸맞은 제도(예: 개인정보 보호 방법)가 연구되었다. 거대과학 프로젝트에 활용되면서 실험을 거친 기술과 제도는 나중에 빅데이터를 사용하는 사회의 다른 영역에도 적용될 수 있을 것이다. 과학 프로젝트의 목표를 달성하기 위해 제도와 기술들이 협력해 길을 내고 실험하면서, 사회의 다른 영역도 준비시키는 효과를 낸 셈이다.

뇌를 컴퓨터로 시뮬레이션하고 신경계를 모방해서 만든 하드웨어로 구현하는 과정은, 뇌를 연구하는 데 유용한 가설을 제공하고 인공지능과 로봇공학을 발전시킨다. 하지만 "시뮬레이션된 뇌나, 뇌를 모방해서 만든 하드웨어에서 의식이 생겨나면 어떻게 할까" 같은 염려도 불러일으켰다. 이 고민은 "어떻게 하면 의식을 측정할 수 있을까? 의식이란 무엇인가? 인간과 다른 존재를 구별하는 특징은 무엇인가?" 같은 학술 연구로 이어졌다. 이와 같은 연구는 철학과 뇌과학, 의학 등 여러 학문의 융합과 교류를 촉진한다. 또한 로봇 윤리 등 관련 주제에 대한 토론을 이끌어냄으로써 기술 변화가 초래할 혼란에 시민사회를 준비시키는 효과를 낸다. 만일 알파고와 이세돌이 바둑 경기를 하기 전에 한국에서도 이와 같은 논의가 충분히 이루어졌다면, 시민들이 받았던 충격이 훨씬 적지 않았을까? 인공지능이 가져올 사회 변화를 상상하며 다양한 SF 작품들이 생겨나는 한편, 변화에 대비하기에도 유리하지 않았을까?

과학 프로젝트와 국제 협력

과학은 예술과 스포츠처럼 국경이 없는 분야다. 미국, 유럽연합, 중국, 캐나다, 호주, 한국, 일본 등 여러 나라가 대규모 뇌과학 프로젝트를 진행함에 따라, 국가 간 협력을 조율하기 위한 국제 뇌 이니셔티브International Brain Initiative가 시작되었다. 국제 뇌 이니셔티브는 국제 협력을 위한 플랫폼을 만들고, 효율적인 투자를 도모하는 한편, 뇌과학 연구 성과를 일반 시민들과 공유하고, 연구 성과의 윤리적인 활용을 유도하는 것을 핵심 목표로 삼았다. 그 일환으로 2018년 가을, 대구에서 국제 신경윤리학 정상회의가 열렸고, 관련 내용이 학술지 《뉴런》에 특집으로 공개되었다. 거대 뇌과학 프로젝트가 국가 간 협력에도 영향을 미치는 셈이다.

이처럼 현대 과학은 과학 연구 자체와 연구 성과의 바람직한 활용을 위해서 다양한 분야의 전문가 및 이해관계자들과 협력하고, 논의 내용을 공개하며, 필요한 기술과 제도를 준비시킨다. 이것이 과학을 시민들에게 쉽게 소개하는 과학 대중화를 넘어 시민의 참여가 강조되는 이유이며, 과학 문화 활동이 중요해지는 이유다. 또 과학 연구의 경제적 효과만을 염두에 두는 수준을 넘어 과학 연구의 확산을 통해 사회 혁신을 도모해야 하는 이유다.

단절에서 연결로: 우리 뇌를 다시 보다

—

복잡한 대상을 나누어서 따져보는 과정인 분석은 논리적인 사고를 돕는다.
하지만 이렇게 나누다 보면, 대상들 사이의 상호작용을 놓치기 쉽다.
단절시켰던 너와 나, 나와 환경, 몸과 마음, 이성과 감정을 다시 연결해보자.

—

1. 뇌가 컴퓨터보다 효율이 높은 이유는?

└→ —

신경계의 가장 두드러진 특징은 가소성이다. 가소성이란 신경계의 모양과 활동 양식이 경험에 따라 유연하게 변하는 성질을 말한다. 신경계에서는 변하지 않는 게 있기는 할까 싶을 만큼 많은 것이 (종종 빠르게) 변한다.

신경계가 다채롭게 변할 수 있다는 것은 신경계가 적응할 수 있는 폭이 넓다는 의미이기도 하지만, 변수가 많아서 최적화하기 어렵다는 의미이기도 하다. 신경계에서 이렇게 많은 것이 변하는데도 동물들이 대체로 별 탈 없이 살아가는 것을 보면 실로 놀랍다. 이처럼 놀라운 일이 가능한 중요한 이유 중의 하나는 '에너지'라는 제약 조건이다. 흔히들 이성처럼 '고등한' 인지 활동은 에너지 대사처럼 '하등한' 작용과 별개라고 생각하지만 실제로는 그렇지 않은 것이다. 에너지는 신경계의 구조에서 동작에 이르기까지 깊은 영향을 준다. '뇌는 에너지를 많이 사용한다'라는 표현을 여러 번 사용했는데, 이 말의 의미를 얼마나 깊이 이해하고 사용했던가 싶다.

—

컴퓨터의 성능을 올리려면 중앙처리장치CPU나 그래픽처리장치GPU를 몇 개 더 추가하면 된다. 예를 들어 알파고는 이세돌과 바둑을 둘 때, 판후이와 바둑을 둘 때보다 718개의 중앙처리장치와 104개의 그래픽처리장치를 더 많이 가지고 있었다. 이렇게 처리장치가 많아지면 성능도 좋아지지만 전기요금도 많이 내야 한다.

먹고사는 일과 신경계

지구상에 온갖 생명이 다녀가며 진화가 이뤄지는 동안, 크고 복잡한 신경계를 가진 생물이 점차 많아졌다. 전기요금을 내기 위해 돈을 버는 것도 쉽지는 않지만, 생명체가 신경계를 감당하는 일도 만만치 않았을 것이다. 충분한 에너지를 섭취하며 먹고사는 일은 생명체의 크기와 모양과 삶의 방식을 바꿀 만큼 절실한 문제이기 때문이다. 예를 들어 풀잎은 흔한 에너지원이지만 영양가가 낮아서 대량으로 섭취해야 한다. 그러면 몸이 무거워지기 때문에 날아다닐 수가 없다. 날아다니려면 꿀이나 수액을 먹어야 하는데, 꿀은 계절에 상관없이 쉽게 얻을 수가 없다. 곤충들은 절묘한 방식으로 여기에 적응했다. 풀잎을 먹는 애벌레 시기에는 기어 다니면서 오로지 먹기만 한다. 하지만 기어 다니기만 해서는 살기 좋은 곳을 찾아 이동하거나 자손을 널리 퍼트릴 수 없다. 그래서 애벌레 시기를 거쳐 몸집이 충분히 커진 다음에는 변태해서 날아다니면서 자손을 퍼트리고, 날아다닐 때부터는 풀을 먹지 않는다.

신경계는 에너지 소모가 특히 심하다. 사람의 경우, 뇌의 질량은 체중의 2퍼센트 정도밖에 되지 않지만 뇌는 신체가 섭취하는 전체 에너지의 25퍼센트를 소모한다. 신경계가 커지려면, 비싼 신경계를 유지할 수 있을 만큼 에너지를 확보하는 수단도 생겨야 한다. 사람의 뇌가 커진 것도 에너지 섭취와 관련된다고 한다. 인간의 뇌는 침팬지를 비롯한 다른 영장류의 뇌와 같은 방식으로 구성되어 있지만 신경세포의 숫자가 가장 많다. 이렇게 많은 신경세포를 유지할 수 있는 것은 날것을 먹는 다른 영장류와 달리 음식을 불로 익혀서 먹기 때문이다. 화식을 하면 소화에 필요한 시간과 에너지가 줄어든다. 그래서 하루 30분씩 세 끼만 먹고도 비싼 뇌를 유지할 수 있다.

에너지 효율적인 구조

신경계가 만들어지고 운영되는 데 필요한 에너지가 워낙 비싸기 때문에, 에너지를 절약할 수 있는 온갖 수단이 동원되었다. 신경네트워크의 구조를 살펴보자. 멀리 떨어진 신경세포들이 소통하지 못하면 정보를 통합하기가 어려워진다. 그렇다고 뇌 속에 있는 모든 신경세포가 연결되면 연결에 필요한 부피가 늘어난다. 그러면 커다란 뇌를 유지하는 데 필요한 에너지도 증가한다. 그래서인지 뇌 속 신경 네트워크에서는 한 신경세포가 다른 모든 신경세포와 연결되어 있지 않다. 대부분의 신경세포가 일부 신경세포들과 연결되고, 몇몇 신경세포가 마당발처럼 유난히 많은 연결을 가지고 있다. 이런 구조를 작은 세상 네트워크라고 한다. 이런 구조를 취하면 멀리 떨어진 신경세포들 간의 신호 전달을 허락하면서도, 신경세포들을 연결하는 데 필요한 부피와 비용을 줄일 수 있다.

또 그림1의 A처럼 하나의 신경세포에서 뻗어 나온 축삭돌기가 다른 하나의 신경세포만 연결하면 신경세포들을 연결하는 데 필요한 부피가 커진다. 그림1의 B처럼 하나의 신경세포에서 뻗어 나

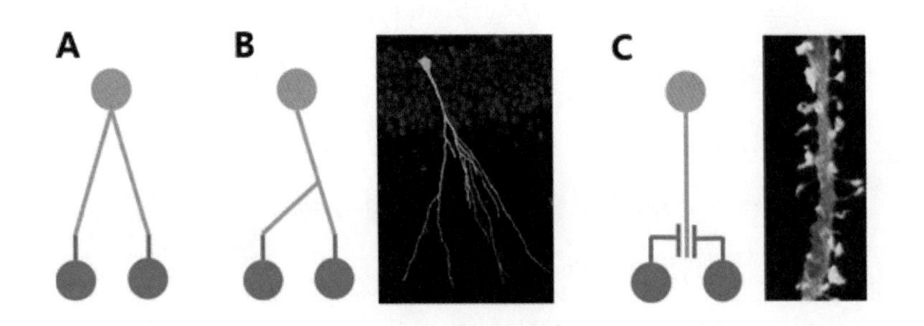

그림1 뇌 속 신경세포들의 연결

온 축삭돌기가 가지를 쳐서 근처에 있는 신경세포들까지 연결할 수 있으면 더 효과적이다. 신경세포의 축삭돌기는 실제로 이렇게 가지를 뻗는다. 여기에서 더 나아가 축삭돌기와 연결되는 신경세포들이 수상돌기('가지돌기'라고도 불린다)에서 가시처럼 뾰족하게 튀어나온 구조물(스파인)을 뻗을 수 있다(그림1의 C). 이렇게 하면 수상돌기 전체를 굵게 만들지 않고도 신경세포들 간의 연결을 늘릴 수 있다. 실제로 신경세포는 평균 수천 개의 스파인spine을 가지고 있다.

알뜰한 구조를 위한 신경계의 절실한 노력은 여기서 그치지 않는다. 멀리 떨어진 신경세포들을 연결하는 긴 축삭돌기들은 대뇌 피질의 안쪽에 모여 있다. 반면에 가까운 연결들이 많은 회색질은 대뇌 피질의 바깥에 있다. 이렇게 구분되어 있으면, 가까운 연결들의 길이를 늘이지 않으면서도 멀리 떨어진 신경세포들을 연결하는 데 필요한 길이를 줄일 수 있다. 더욱이 대뇌의 피질은 구불구불 주름져 있다. 주름진 피질 구조는 멀리 떨어진 신경세포들을 연결하는 데 필요한 거리를 줄여준다. 또한 상호 연결이 많은 뇌 영역들은 위치상으로 인접해 있다고 한다. 이렇게 하면 연결에 필요한 부피가 줄어든다.

지금까지는 에너지를 절약하기 위한 신경계의 구조적인 특징만 설명했지만, 신경계의 활동을 에너지 절약 측면에서 설명하는 이론도 있다. 이 이론에서는 신경계가 최소의 에너지로 최대량의 정보를 전달할 수 있도록 동작한다고 본다.

제약이 디딤돌이 될 때

이처럼 신경계의 구조와 활동은 제한된 에너지라는 제약 조건 속에서 다듬어졌다. 제약 조건 때문에 '얻어 걸렸'을지 모를 구조적 특징들의 일부는, 유인원의 인지 능력이 높은 이유 중의 하나로 추정되고 있다. 이 추정이 사실이라면 제약 조건이 디딤돌이 된 셈이다.

자연에서는 이런 일이 더러 일어난다. 태양계를 벗어나는 우주선은 목성의 중력을 원동력으로 삼아 우주선의 이동 속도를 높일 수 있다. 어렸을 때 과학관에서 이 원리를 보고 무척 신기하게 여겼다. 어찌 보면 목성에 우주선을 묶어두는 제약 조건인 중력이, 우주선이 더 빨리 목성을 떠나게 하는 원동력이 된 셈이기 때문이다. 도저히 어떻게 해볼 도리가 없는 제약 조건도 많겠지만, 활용하기에 따라 유리한 조건으로 변할 수 있는 제약 조건도 있는 모양이다. 제한된 에너지라는 생명체의 제약 조건이 에너지 효율적인 신경계를 만든 것처럼 말이다.

2. 몸과 마음, 생명이라는 하나의 불꽃이 만들어낸 두 개의 그림자

↳ —

영화 〈공각 기동대〉는 뇌를 전자화하여 로봇 신체에 탑재함으로써 정체성을 유지하면서도 마음대로 신체를 바꿀 수 있는 미래 사회를 그렸다. 〈공각 기동대〉 및 이와 유사한 작품들의 이면에는, 마음 또는 영혼은 기계 속의 유령처럼 물리적인 세계와 무관하다는 가정이 깔려 있다. 하지만 정말 그럴까?

—

미국에서 약리학 수업을 들을 때의 일이다. 교수님은 신약 개발 과정을 설명하면서, 임상실험에서 후보 약물의 효과가 플라시보placebo 효과보다 좋아야 한다고 하셨다. 플라시보 효과란, 의학적 처치 자체가 아닌, 의학적 처치에 대한 환자의 믿음이 환자의 몸에 치료 효과를 일으키는 현상을 말한다. 임상실험을 할 때는 실험 참여자를 임의로 두 집단으로 나누어 한쪽 집단에는 후보 약물을 주고, 다른 한쪽에는 효과가 없는 가짜 약물을 준다. 이 외에 모든 조건을 동일하게 했는데도 두 집단에서 병의 경과가 다르면, 이 차이는 후보 약물의 덕분이라고 볼 수 있기 때문이다. 그런데 신기하게도, 가짜 약물을 처방한 집단에서도 증상이 일부 개선되는 현상이 자주 나타난다. 약을 개발하는 입장에서는 어떻게든 플라시보 효과를 줄이는 실험을 고안하고, 플라시보 효과보다 월등하게 뛰어난 신약을 개발해야 한다.

환자 입장에서 수업을 듣던 내게는 이상하게 들렸다. 환자 입장에서야 약물로든 플라시보 효과로든 낫기만 하면 그만이기 때문이다. 심지어 플라시보 효과는 공짜가 아닌가! 그래서 교수님께 플라시보 효과를 왜 치료에 이용하지 않느냐고 질문했다. 교수님은 너무나 당연한 것을 태연하게 묻는 동양인 학생에게 어떻게 설명하면 좋을지 조금 난감하다는 표정을 짓더니 최선을 다해 설명해 주셨다. 환자를 속일 수 없다는 것이 요지였다.

뇌: 몸과 마음의 중간 지점

서양 문화에 막대한 영향을 끼친 철학자인 플라톤과 데카르트는 몸과 마음이 완전히 다른 범주에 속한다고 보았다. 이렇게 몸과 마음을 분리하는 시각에서 보면 플라시보 효과는 성가신 존재였다. 그래서 19세기에는 환자의 거짓말이라고 여겼고, 20세기에는 일시적인 심리 효과라고 보았다. 플라시보 효과를 실제 효과로 인정하고 원리를 연구하기 시작한 것은 비교적 최근부터라고 한다.

뇌는 몸의 일부이면서 마음과 긴밀하게 관련된 기관이다. 그래서

인지 만성 통증, 우울증, 불안처럼 뇌의 상태와 마음 둘 다에 영향을 받는 질병에는 플라시보 효과가 유난히 강하게 일어난다. 그래서 플라시보 효과보다 나은 약을 개발하기가 어렵다. 오죽했으면 거대 제약회사들이 신경정신질환 치료제 개발에 투자하는 비중을 줄이는 대신, 유전적 치료 등 다른 방법을 모색할 정도다. 프로작Prozac과 같은 신경정신질환 치료제의 매출과 수익률이 대단히 높다는 점을 생각할 때, 제약회사들의 이 같은 결정은 매우 놀랍다. 플라시보 효과는 신약 개발의 측면에서는 난관이지만 뇌과학적으로는 흥미로운 현상이다. 생각이 몸에 미치는 영향을 살펴볼 수 있고, 새로운 치료법을 개발할 수도 있기 때문이다. 특히 신경계통의 질환에서는 플라시보 효과가 작용하는 부분과 의학적 처치가 작용하는 부분이 겹치거나 상호작용할 수 있기 때문에, 플라시보 효과의 원리를 연구할 필요가 있다.

플라시보 효과

플라시보 효과는 맥락의 영향을 받는다. 환자가 병원처럼 치료를 암시하는 환경에서 의료 전문가의 조언을 듣는 맥락에 있으면 질환이 호전될 것이라고 예상하게 되고, 이런 예상이 증상의 개선에 긍정적으로 작용하는 것이다.

맥락과 진통 효과를 연관 짓는 학습을 통해서 사람뿐만 아니라 동물에서도 플라시보 효과를 유발할 수 있다. 예를 들어 한 연구에서는 쥐의 꼬리에 통증을 가하고, 쥐가 특정한 상자에 있을 때만 진통제를 투여했다. 쥐는 진통제를 투여받지 않았을 때보다 투여받았을 때 통증에 대한 반응이 약하고, 통증에 관련된 호르몬 분비도 낮았다. 이런 과정을 몇 번 반복한 뒤, 연구진은 쥐가 진통제를 투여받았던 상자에서 진통제 대신 생리 식염수를 투여했다. 생리 식염수가 가짜 약물로 작용한 셈이다. 그 후 쥐의 꼬리에 통증을 가했더니, 마치 진통제를 투여했을 때처럼 통증 반응도 약하고 통증에 관련된 호르몬의 분비도 적었다. 쥐에서도 플라시보 효과가 일어난 것이다.

또 플라시보 효과는 약물에 대한 정보의 영향을 받는다. 약물에 대한 정보가 거의 없을 때보다는, 약물의 전달 과정과 효과에 대한 구체적인 정보가 있을 때 플라시보 효과가 더 잘 일어난다고 한다. 심지어 사람들은 약한 진통제라고 알려진 가짜 약물에 대해서는 약한 플라시보 효과를, 강한 진통제라고 알려진 가짜 약물에 대해서는 강한 플라시보 효과를 보였다. 플라시보 효과의 크기까지 사전 정보에 따라 조절된 것이다.

연구자들은 사회적인 맥락과 정보를 해석하고 사건의 결과를 예상하는 전전두엽이 플라시보 효과에 관여한다고 추정하고 있다. 또 보상에 대한 예측과 학습에서 중요한 부위인 줄무늬체가 치료 효과에 대한 긍정적인 기대와 학습에 기여한다고 추정하고 있다.

줄무늬체의 크기와 활동 정도가 플라시보 효과가 얼마나 강하게 나타나는지와 상관 관계를 보였기 때문이다. 그러나 하나의 플라시보는 없다고 할 정도로 다양한 플라시보 효과가 존재하며, 플라시보 효과의 신경 원리는 이제야 조금씩 밝혀지고 있다.

몸과 마음: 하나의 불꽃이 만들어낸 두 개의 그림자

많은 사람이 몸과 마음이 분리된다는 생각에 익숙하지만, 모든 문화권의 모든 사람이 이런 생각을 한 것은 아니다. 몸이 마음의 근간이라고 보고, 몸을 통해 마음을 수양하려고 한 경우도 있다. 실제로 마음과 긴밀하게 연관된 기관인 뇌는 온몸에 퍼진 신경계를 통해 몸과 상호작용하며, 몸이 주는 에너지와 물질에 절대적으로 의존하고 있다.

대상을 잘게 나누어서 살피는 것은 복잡한 대상을 이해하는 합리적인 방법이다. 하지만 그렇게 나눈 것이 실제라고 믿어버리면 혼란을 빚을 수 있다. 어쩌면 몸과 마음은, 생명이라는 하나의 불꽃이 서로 다른 두 개의 벽에 비춘 그림자일지도 모르겠다.

3. 내가 목마를 때 나의 뇌가 하는 일

ㄴ —

뇌를 논리력, 기억력 등 지능과 연결 짓는 경우가 많다. 하지만 뇌에는 훨씬 더 중요한 임무가 있다. 바로 잘 먹고 잘 마시는 일이다. 불완전성 원리를 발견한 괴델처럼 세기의 천재일지라도 먹지 않으면 살 수 없다. 실제로 괴델은 오랫동안 스스로 음식을 거부한 끝에 영양실조로 사망했다.

—

먹고 마시기는 단순하고 쉬운 일 같지만 결코 그렇지 않다. 로봇청소기를 생각해보자. 로봇청소기는 배터리가 부족해지면 자동으로 충전 장치로 돌아가게 되어 있다. 하지만 외출했다가 돌아와 보면 청소기가 방 한가운데에서 꺼져 있는 경우가 있다. 충전장치로 돌아가는 데 필요한 에너지에 대한 예측과 청소기 안에 남아 있는 에너지에 대한 진단이 부정확할 때, 혹은 에너지가 부족한데 돌아가는 길을 찾지 못했을 때 이런 일이 벌어진다. 최신 로봇청소기도 가끔 실패하는 이 어려운 일을 우리는 능숙하게 해낸다. 늦은 오후가 되면 어김없이 배가 고프고, 배고픈 상태가 지속되면 짜증이 나고, 짜증이 나면 적극적으로 먹을 것을 찾아 돌아다니게 된다. 대개는 어디선가 과자라도 찾아서 배고픔을 달랜다.

이처럼 배고픔과 목마름, 약간의 짜증까지 느끼며 적극적으로 움직인 덕분에 우리는 로봇청소기처럼 꺼지지 않고 살아 있다. 뇌는 어떻게 이처럼 대단한 일들을 해낼까? 배고픈 상황을 인지하는 일은 비교적 쉬울 것 같다. 위장이 오랫동안 비어 있는 것을 탐지하면 될 테니까. 하지만 갈증이라면 어떨까? 목이 마르다고 몸이 쪼그라드는 것도 아닐 텐데. 생쥐를 활용한 최근 연구에서 뇌가 어떻게 갈증을 느끼는지가 밝혀졌다.

갈증의 인식

생명 활동이 이뤄지려면 체액의 삼투압이 일정한 범위에서 유지되어야 한다. 농도가 다른 두 액체 사이에 반투과성 막이 있으면, 농도가 낮은 쪽에서 높은 쪽으로 용매가 이동하려는 압력이 생기는데 이를 삼투압이라고 한다. 배추에 소금을 뿌려두면 물이 빠지는 것은, 배추 세포 안쪽의 농도가 소금의 농도보다 낮아서 반투과성 막인 세포막을 통해 물이 빠져나오기 때문이다. 이처럼 삼투압이 농도에 따라 달라지기 때문에, 체액의 삼투압을 유지하려면 목이 마를 때 아무 액체나 마셔서는 안 된다. 순수한 물처럼 체액보다 농도가 낮은 액체가 좋으며, 바닷물처럼 짠물이나 콜라처럼 농도가 높은 음료수는 오히려 갈증을 유발한다.

물을 마셔서 체액의 삼투압이 변하기까지는 수십 분이라는 상당한 시간이 걸린다. 내장을 통해 흡수된 물이 온몸 구석구석을 도는 혈액의 삼투압을 바꾸고, 이를 뇌가 인지해야 하기 때문이다. 그럼에도 우리는 목이 마를 때 어떤 액체든 마시는 즉시 갈증이 해소되는 것을 느낀다. 왜 그럴까? 액체를 마시면 입 안에서 액체의 부피감이 느껴지는데, 이 정보가 뇌에 전해지면 갈증을 신호하는 신경세포들의 활동이 일단 약해지기 때문이다. 갈증 신경세포들의 활동이 약해지면 목마름을 해소하기 위해서 물을 찾는 행동이 줄어든다.

마신 물은 식도를 거쳐서 위와 장으로 내려간다. 장에서는 삼투압을 측정할 수 있다. 이 신호가 미주신경을 통해서 뇌로 전해지면 아까의 갈증 신경세포들의 활동이 조절된다. 순수한 물처럼 삼투압 유지에 도움이 되면 갈증 신경세포들의 활동이 계속 낮은 채로 유지되고, 짠 소금물처럼 높은 농도가 탐지되면 신경세포들의 활동이 다시 높아진다. 마지막으로 뇌가 직접 혈액의 삼투압을 측정한다. 혈액의 삼투압이 정상화되면 갈증 신경세포들의 활동이 잦아든다.

갈증의 해소

갈증을 탐지하는 것은 갈증을 해소하기 위해 노력하는 것보다 훨씬 간단하다(산에서 물병이 비었는데 목이 마른 상황을 생각해보라). 그래서인지 갈증을 탐지하는 데는 시상하부 안쪽의 비교적 작은 영역이 관여하지만, 물을 얻기 위해 움직이고, 주변 상황을 파악하는 데는 여러 영역에 흩어진 다수의 신경세포들이 협응한다. 생쥐를 활용한 다른 연구 덕분에 이 사실이 확인되었다.

이 연구에서는 뇌 전체에 퍼진 무려 34개의 뇌 영역에서 2만 4,000여 개 신경세포의 활동을 측정했다. 길이가 수 밀리미터이고, 단면의 가로세로가 수십 마이크로미터인 작고 가느다란 막대를 상상해보자. 이 막대의 표면엔 수백 개의 작은 전기 센서가 타일처럼 부착돼 있다. 이 막대를 생쥐의 뇌에 꽂아 넣으면, 막대가 통과하는 여러 뇌 영역에 있는 신경세포들의 전기적인 활동을 측정할 수 있을 것이다. 실제로 이 방대한 연구는 측정 기술의 발달 덕분에 가능했다. 연구자들은 생쥐가 머리를 움직이지 못하게 고정시켜두고, 앞서 설명한 막대를 뇌의 각기 다른 위치에 여러 번 내림으로써 예전보다 적은 숫자의 생쥐(21마리)만 가지고도 2만 4,000여 개의 신경세포를 관측할 수 있었다. 자연과학을 연구하기 위해서도 그에 맞는 기술이 필요한 것이다. 이렇게 얻은 방대한 데이터를 처리하는 데는 기계학습 기법들이 활용됐다.

생쥐들은 목이 마르거나 마르지 않은 상태로 실험에 참가했다. 어떨 때는 A 향기가, 어떨 때는 B 향기가 제시되었는데, A 향기가 나온 다음에는 눈앞의 튜브를 핥으면 높은 확률로 물을 마실 수 있고, B 향기가 나온 다음에는 튜브를 핥아도 물이 나오지 않았다. 당연하게도 생쥐들은 목이 마르지 않거나, B 향기가 나오고 있을 때는 물을 얻으려고 튜브를 핥는 노력을 들이지 않았다. 연구자들은 측정한 신경세포의 과반수가 갈증 여부, 향기의 종류, 핥는 행동에 따라 달라진다는 사실을 발견했다. 물 마시기처럼 단순한 문제를 해결하는 데도 여러 영역에 흩어진 신경세포들의 협응이 필요한 것이다.

물을 마시는 대단한 일

이 글을 읽는 독자들도 아침에 일어나자마자 시원한 물 한 잔을 마시면서 잠을 깼을 것이다. 아침의 목마름에 대비해 잠들기 전에 자리끼를 준비한 이들도 적지 않을 것이다. 물 한 잔 마시는 일에도 나름의 신비가 있다.

4. 감정은 '하등'하지 않다

└→ —

일상 언어에서는 이성과 감정이 명확하게 구분된다. 이성은 합리적인 사고 능력인 반면, 감정은 변덕스럽고 미성숙한 정신 활동이라고 여겨지곤 한다. 하지만 뇌 속에서는 이성과 감정을 나누기가 어려우며, 감정이 이성보다 하등하지도 않다.

—

감정은 삶에 색채를 더한다. 즐거운 순간에는 발걸음이 날아갈 듯이 경쾌하고 주변이 반짝이기라도 하는 것처럼 신난다. 괴로울 때면 가슴이 답답하고 침울하다. 그런가 하면 압박감에 시달리는 일터에서는 감정이 거추장스럽다. 공들인 기획서가 퇴짜를 맞았을 때, 승진에서 밀렸을 때, 자녀가 아플 때… 이럴 때면 집중도 되지 않고 실수를 연발하게 마련이다. 어떤 일이 생기건 냉철한 이성으로 일에 집중할 수 있다면 얼마나 좋을까? 하다못해 회사에서만이라도 감정이 없다면 얼마나 좋을까?
이처럼 '감정'은 우리 마음을 사로잡는 흥미진진한 소재다. 뇌과학자들도 감정의 원리를 궁금해했다. 그런데 연구를 하려면 감정에 대한 기존의 정의가 수정되어야 했다. 일상에서 '감정'은 어떤 일에 대해 일어나는 느낌을 뜻하지만 과학은 실험하거나 관측할 수 있는 물리적인 영역만 다루기 때문이다. 그 결과 일상에서 '감정'이라는 단어가 내포하는 풍성한 의미는 뇌과학 연구에 맞게 다듬어졌다. 뇌과학에서 '감정'은 기쁘거나 슬프거나 우울한 내적 경험을 포함하지 않는다. 뇌과학에서는 눈이 반달처럼 접히는 표정, 심장의 두근거림, 뇌 영역의 활동 등 감정의 물리적 현상만을 고려한다.

이성과 감정의 흐린 경계

연구가 계속됨에 따라 뇌과학에서 의미하는 감정은 일상적인 의미의 감정과 더욱 달라지게 되었다. 일상에서 감정은 이성과 구별되지만 뇌 속에서는 분명하게 나눠지지 않는다. 우선 뇌 속에는 감정에만 관련된 영역도, 이성에만 관련된 영역도 존재하지 않는다. 예를 들어서 양쪽 귀 안쪽에는 아몬드 모양으로 생긴 편도체라는 뇌 부위가 있다. 이 부위는 감정에서 핵심적인 역할을 해서 한때 '감정의 중추'라고까지 불렸다. 하지만 편도체는 주의 집중이나 학습처럼 흔히 이성이라고 간주되는 기능도 수행한다.

또 뇌는 여러 부위가 긴밀하게 상호작용하는 네트워크다. 발이 넓은 사람들이 사회에 두루 영향을 끼치듯, 뇌 속 네트워크에서도 마당발 부위들이 널리 영향을 끼친다. 이와 같은 마당발 부위 중에는 편도체나 줄무늬체처럼 감정에서 중요한 역할을 하는 부위들이 포함된다. 감정의 영향에서 벗어나기 힘든 구조인 셈이다. 더욱이 감정 상태에 따라 뇌 전체의 활동 양식이 변한다. 예를 들어 극도로 혐오스러운 동영상을 보여줘서 실험 참가자들에게 스트레스를 주면, 스트레스와 관련된 신경조절물질인 노르에피네프린norepinephrine 분비가 늘면서 뇌 전반의 활동 양식이 변한다. 노르에피네프린이 뇌 전반의 반응 양식을 바꾼다는 사실은 뇌 속에서 이성과 관련된 영역, 감정과 관련된 영역이 분명하게 나눠지지 않음을 뜻한다. 감정과 관련된 다른 신경조절물질(도파민dopamine, 세로토닌serotonin, 아세틸콜린acetylcholine)도 뇌 전체의 반응 양상을 조절하는 역할을 한다.

변연계는 하등하지 않다

뇌 속에서는 감정이 이성보다 하등하지도 않다. 감정과 관련된 뇌 영역으로 '변연계'가 자주 언급되는데, 변연계라는 용어는 진화가 박테리아처럼 단순한 생명에서 인간처럼 고등한 생물로 진보하는 과정이라고 믿었던 20세기 초에 생겨났다. 당시에는 진화적으로 나중에 생겨난 뇌 영역인 신피질이 기억, 문제 해결, 계획처럼 고등하다고 여겨지는 기능을 수행한다고 믿었다. 반면에 변연계와 같은 피질하부 영역들은 하등하다고 여겨졌던 기능인 감정을 담당한다고 믿었다.

변연계처럼 '하등한' 뇌 영역은 감정처럼 '하등한' 기능을 수행하고, 신피질처럼 '고등한' 뇌 영역은 이성처럼 '고등한' 기능을 수행한다는 믿음은 사실이 아니라고 밝혀졌다. 기억은 이성과 관련된 고등한 기능으로 여겨졌는데 변연계의 대표적인 영역인 해마가 기억에서 결정적인 역할을 한다는 사실이 밝혀졌기 때문이다. 변연계의 다른 영역인 줄무늬체에서도 비슷한 일이 반복되었다. 줄무늬체는 동기와 충동 등 감정에서 중요한 역할을 하지만, 이성적이라고 여겨지는 기능인 학습에도 깊이 관련되어 있다.

변연계처럼 하등하다고 여겼던 뇌 영역이 이성에도 관여한다는 사실이 발견되면서, 이성이 감정보다 고등하다고 볼 수 없게 되었다. 단순한 동물은 하등하고 인간은 고등하다는 오해나, 생명의 진화는 진보라는 오해가 줄어들면서 특정한 뇌 부위를 하등하거나 고등하다고 구분하는 경향도 줄어들었다. 변연계라는 용어는 최신 뇌과학 논문에서도 종종 사용되지만 예전처럼 하등한 영역이라는 뉘앙스는 포함하지 않는다. 변연계의 영역들은 학습과 기억에도 중요한 역할을 하므로 변연계가 감정에서만 중요하다고도 하지 않는다.

감정이라는 안내자

흔히 현명한 판단을 하려면 감정을 배제하고 이성적으로 사고해야 한다고 믿는다. 그런데 감정이 의사결정에 항상 방해가 되는 것은 아니다. 선택이란 나의 현재 상태를 반영해서 이뤄지는 것이고, 감정은 나의 현재 상태와 입장을 요약해서 알려주는 역할을 하기 때문이다.

'아이오와 도박 과제'라는 실험을 살펴보자. 실험 참가자들에게 네 개의 카드 묶음을 제시하고, 한 번에 한 묶음을 골라 카드를 뒤집어 보게 한다. 뒤집은 카드의 내용에 따라 참가자들은 돈을 얻거나 잃게 된다. 네 개 중 두 개의 카드 묶음은 고수익 고위험이고, 나머지 두 개의 묶음은 저수익 저위험인데 후자 쪽의 평균 이익이 더 높다. 대개의 피험자들은 열 번쯤 카드를 뒤집다 보면 어떤 카드 묶음이 나쁜 카드 묶음인지 '몸으로' 알기 시작한다. 평균 이익이 낮은 묶음을 선택할 때면 피부의 땀 분비가 늘어나는 등 스트레스 반응을 보이는 것이다. 50번쯤 뒤집고 나면 '어쩨서인지 이 카드 묶음은 좋고, 저 카드 묶음은 싫다'라는 감정을 느끼게 되며, 80번쯤 뒤집고 난 후에야 이성적으로도 어떤 카드 묶음이 좋은지 알게 된다.

대부분의 사람은 감정 덕분에 좋은 카드를 일찍부터 더 자주 고른다. 하지만 감정에서 중요한 역할을 하는 편도체나 안와전두엽이 손상된 환자들은 나쁜 카드 묶음을 고를 때도 피부에서 땀 분비가 늘어나지 않으며, 좋은 카드 묶음을 더 자주 고르지도 못한다. 이 환자들은 100번쯤 카드를 뒤집은 후에 어떤 카드 묶음이 좋은지 이성적으로 알기는 했지만, 알고 난 후에도 좋은 카드 묶음을 더 자주 고르지 않았다. 어떤 객관적인 사실이 나에게 좋은지 나쁜지 알려주고 그에 따라 움직이게 하는 것이 감정인데, 이 환자들은 감정을 활용하지 못했기 때문이다. 천하의 이성도 감정이 없으면 아무 쓸모도 없는 셈이다.

감정의 의미

이처럼 감정의 뇌과학적 의미와 일상적 의미는 다르고, 이 차이가 감정에 대한 일상적인 의미를 개선하게 해준다. 예컨대 뇌 속에서 이성과 감정이 분명하게 나뉘지 않는다는 사실은 자기 생각이 철저하게 이성적이라고 믿는 것이 위험함을 시사한다. 그렇다고 뇌과학이 의미하는 감정이 감정을 설명하는 유일하고 정확한 답이라는 뜻은 아니다. 과학은 과학적 탐구의 대상이 될 수 없는 부분에 대해서는 말하지 않기 때문이다. 뇌과학이 감정을 다룰 때는 기쁘고, 슬프고, 화나는 내적 경험을 배제하지만, 일상의 맥락에서 온갖 느낌으로 가득한 감정은 여전히 유효하다. 오늘 아침 상쾌했거나 나른했다면 그 다채로운 감정을 마음껏 즐기시길.

5. 하루 24시간: 빛의 리듬, 삶의 리듬

↳ —

'자유 의지'라는 말에는 '환경으로부터 독립적인'이라는 의미가 내포되어 있다. 하지만 어머니 배 속에 있을 때부터 뇌 속 신경계는 주변 환경의 영향을 받아 빚어져왔다. 내 뇌는 내가 그동안 경험한 환경과 그 환경에 대응해온 방식을 품고 있는 셈이다.

—

어두우면 불을 켜면 되고, 낮에 자고 싶으면 암막 커튼을 치면 된다. 일하다 졸리면 커피를, 많이 피곤하면 에너지 음료를 마시면 된다. 이처럼 현대를 살아가는 우리는 빛을 밝히고 하루를 옮기기가 쉽다. 이 때문에 종종 잊어버리지만, 체온, 혈압, 신경 활동, 유전자 발현을 비롯한 생체의 거의 모든 활동은 24시간의 하루 생체 리듬circadian rhythm을 따르고, 이 리듬은 빛의 영향을 받는다. 46억 년 전 지구가 처음 생기던 무렵부터 24시간 주기로 밝아지고 어두워지던 그 빛 말이다.

하루 생체 리듬과 건강 ①: 태아

하루 생체 리듬은 생애 주기를 따라 변해가며 신체와 마음의 건강에도 깊은 영향을 준다. 이 영향은 어머니의 배 속에 있을 때부터 시작된다. 뇌 속에서 하루 생체 리듬의 중추라고 불릴 만한 부위는 시교차 상핵suprachiasmatic nucleus이며 하루 생체 리듬과 깊이 관련된 호르몬은 멜라토닌melatonin이다. 사람의 경우, 임신 18주 무렵부터 태아의 시교차 상핵에서 멜라토닌 수용체가 생긴다고 한다. 모체의 멜라토닌은 태반을 통과해 태아의 뇌에도 영향을 줄 수 있다. 태아의 체온, 음식 섭취, 호르몬 분비의 주기도 모체의 하루 생체 리듬에 맞춰지며, 모체의 흐트러진 하루 생체 리듬은 자녀에게도 부정적인 영향을 끼친다. 불규칙한 수면, 식사, 근무 스케줄로 산모의 하루 생체 리듬이 흐트러지면 조산·유산의 위험과 신생아가 저체중이 될 위험이 커진다.

사람을 제외한 유인원non-human primates(사람도 유인원에 속하는 동물이다)을 활용한 실험에 따르면, 지속적으로 빛에 노출된 산모에게서 태어난 아기는 멜라토닌 분비와 체온 리듬이 약하다고 한다. 쥐 실험에서도 산모의 하루 생체 리듬이 자녀의 리듬에 영향을 끼친다는 사실이 밝혀졌다. 지속적으로 빛에 노출된 산모에게서 태어난 자녀들에서는 하루 생체 리듬에 관여하는 유전자의 발현 리듬이 억제되었다. 또 기억에 관련된 부위인 해마에서 학습과 관련된 수용체NMDA receptor의 발현도 감소되었다. 이러한 억제는 공간 기억 능력의 약화와 상관관계를 보였다.

하루 생체 리듬과 건강 ②: 유아-아동기

유아가 잠들고 깨어나는 습관은 생후 3개월에서 6개월 사이에 발달하며, 생후 첫 1년 동안 서서히 굳어진다. 처음에는 해 지는 시간과 맞물려서 멜라토닌의 분비가 늘어나지만, 점차 가족의 취침 시간에 맞춰진다.

유아-아동의 내적인 생체 리듬과 사회생활의 주기가 일치하지 않으면 수면이 부족해질 수 있다. 만 3세 이전까지의 불규칙한 수면 주기와 부족한 수면은 아동이 만 6세가 되었을 때의 과잉 행동, 인지 능력 부족, 충동과 상관관계가 있다고 한다.

아동의 수면 주기는 보호자의 퇴근 시간과 하루 생활 리듬에 영향을 받을 수밖에 없다. 발달 초기에 수면 주기가 불규칙한 아동이 늘어나는 것은 정서와 행동 측면에서 문제를 보이는 아동이 지속적으로 늘어나는 현상과도 관련된다고 여겨지고 있다.

하루 생체 리듬과 건강 ③: 청소년-청년기

청소년들은 아동이나 성인에 비해서 늦게 자고 늦게 일어나는 경향이 있다. 이러한 현상은 여러 문화권에서 공통적으로 관찰되며

쥐와 원숭이 등 다른 동물들에서도 나타난다. 최근에는 친구들과 어울려 놀거나, 오락을 하거나, 핸드폰을 사용하면서 잠드는 시간이 더 늦어지고, 더 불규칙적으로 변하는 경향이 있다.

흐트러진 하루 생체 리듬은 뇌 발달에 부정적인 영향을 줄 수 있다. 청소년기에는 사용하지 않는 시냅스(신경세포들이 인접하여 신호를 주고받는 부위)들을 가지치기하고 제련하는 과정이 활발하게 일어나는데, 이 과정의 상당 부분이 잠자는 동안에 진행되기 때문이다.

청소년기와 청년기에 지나치게 늦게 자고 늦게 일어나는 것은 우울증 등의 정서 질환과도 깊은 상관관계를 가지고 있다. 청소년기는 우울증, 정서적인 요동, 불안 등에 유난히 취약한 시기인데, 다수의 정서 이상이 불규칙한 하루 생활 리듬을 동반한다.

하루 생체 리듬과 건강 ④: 성인기-노년기

성인이 된 후에도 하루 생체 리듬은 중요한 역할을 한다. 교대 근무를 하는 사람들은 암, 비만, 심장 질환, 소화기계 질환, 수면 장애, 당뇨, 우울증에 걸릴 위험이 더 높다. 낮과 밤이 뒤바뀌는 것보다 더 나쁜 것은 계속해서 뒤바뀌는 하루 생활 리듬이다. 1만 1,000여 명의 캐나다 간호사들을 대상으로 이뤄진 연구에 따르면, 근무 시간이 수시로 바뀌는 상황이 우울증과 가장 관련이 깊었다.

나이가 들수록 잠자는 시간이 줄어들고, 밤에 잠을 자다가도 수시로 깨며, 수면의 질이 떨어지고, 낮에 조는 경향이 심해진다. 연구에 따르면 하루 시간에 따라 체온이 변하는 정도와 멜라토닌 분비가 변하는 정도(진폭)가 노년기에는 줄어든다고 한다.

불규칙한 하루 생체 리듬과 수면 장애가 파킨슨병이나 알츠하이머병 같은 신경 퇴행성 질환의 원인인지 결과인지는 아직 분명하지 않다. 하지만 불규칙한 하루 생체 리듬과 수면 주기가 병의 진행을 가속시킨다는 점만은 분명해 보인다고 한다. 반면 아침과 낮 동안에 밝은 빛을 쪼여주면 인지력이 저하되는 것을 늦출 수 있고, 우울감도 완화된다고 한다. 저녁에 멜라토닌을 투여하는 것도 알츠하이머 환자들의 인지력을 향상시키고, 수면 시간을 늘리는 데 도움이 되었다고 한다.

저녁이 있는 삶

땅거미가 지고 별이 하나둘 보일 무렵이면 동물도 사람도 집으로 돌아가는 게 당연했던 시절이 있었을 것이다. 밥을 먹고 칠흑 같은 어둠 속에서 잠들었다가 아침 햇살을 맞으며 눈 뜨는 것이 그 무렵에는 당연했을 것이다. 하지만 나와 내 주변의 많은 사람에게는 그런 삶이 당연하지 않다. 우리는 여전히 밤이면 쉬어야 하는 호모사피엔스인데도, 잠자는 시간에 죄책감을 느끼고, 잠자는 시간을 아깝게 여긴다. 눈부신 문명을 이루었지만 여전히 유인원인 우리에게, 평안한 저녁이 당연한 사회가 찾아오기를.

6. 협력하는 두 뇌의 동기화

ㄴ —

앞선 글에서 뇌는 빛의 양과 같은 환경의 영향을 크게 받는다는 사실을 살펴보았다. 인간은 사회성이 뛰어난 동물이고 나를 둘러싼 환경에는 사람도 포함된다. 지금 내 옆에 있는 당신은, 나의 뇌에 어떤 영향을 주고 있을까?

—

무언가를 보거나 듣는다는 건, 그 무언가에 대한 정보가 내 머릿속에 어떤 식으로든 표현되고 있다는 뜻이다. 예컨대 내가 "둥~ 둥~ 둥~" 하는 북소리를 들을 때, 내 뇌 속에는 "둥~ 둥~ 둥~" 하는 소리가 어떤 식으로든 표현되고 있다. 만일 이 북소리를 다른 사람과 함께 듣는다면, 그 사람의 머릿속에서도 "둥~ 둥~ 둥~" 하는 소리가 어떤 식으로든 표현되고 있을 것이다.

뇌 동기화와 EEG

서로 다른 두 사람의 뇌에서 뇌 활동의 일부분이 동시에 일어나는 것을 뇌 동기화brain synchronization라고 한다. 흔히들 서로 다른 두 사람의 생각과 행동은 독립적이라고 여기지만, 이처럼 두 사람이 같은 환경에 있을 때는 뇌 활동에 비슷한 부분이 생길 수 있다. 뇌 동기화를 측정할 때는 EEG가 더러 사용된다(그림1). 신경세포들은 전기적인 활동을 하는데, 이 전기 신호의 합을 뇌 밖에서 측정할 수 있다. 여러 신경세포들의 전기 신호의 합을 뇌파라고 한다. EEG는 뇌파를 측정하는 기술이다. 강당에 100명의 사람들이 북을 하나씩 들고 있고, 강당 밖에서 벽에 귀를 대고 소리를 듣는 상황을 생각해보자. 이 사람들이 모두 1초에 한 번씩 북을 친다면 1초에 한 번씩 큰 소리가 들릴 것이다. 뇌에서도 여러 신경세포의 활동이 비교적 동시에 일어날 때가 있는데 이럴 때면 크고 느린 뇌파가 띄엄띄엄 측정된다. 반면에 강당 안의 사람들이 각자 마음대로 북을 치면 아까보다 작은 소리가 불규칙하게 자주 들릴 것이다. 뇌에서도 신경세포들이 따로따로 활동할 때면 이렇게 작고 빠른 뇌파가 관찰된다. 또 강당 가장자리에서 친 북소리는 강당 밖에서도 그럭저럭 들리지만, 강당 가운데서 친 북소리는 강당 밖에서는 들리지 않을 수 있다. 마찬가지로 EEG도 두개골 밖에서 뇌파를 관측하는 장비이기 때문에 뇌 깊숙한 곳의 신경 활동을 관측하기에는 좋지 않다.

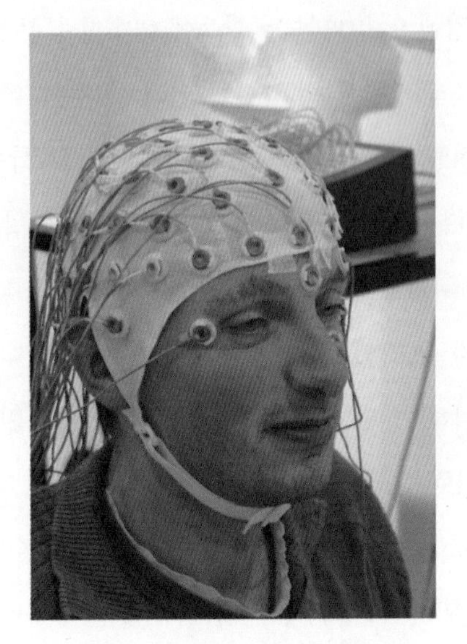

그림1 EEG를 측정하기 위해 준비한 모습

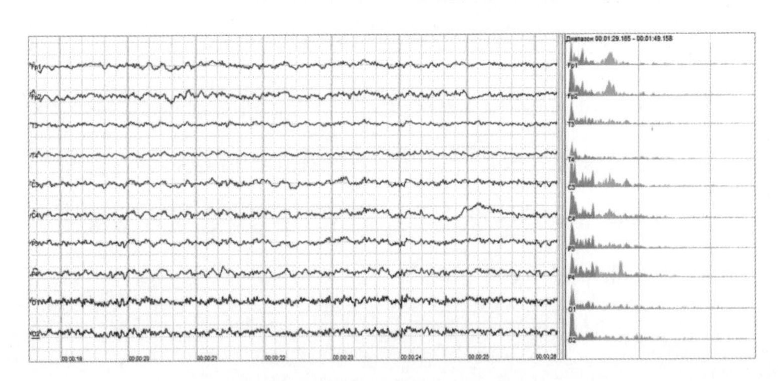

그림2 뇌파의 예시. 가로축은 시간을 나타낸다.

대화하는 두 뇌의 동기화

두 사람이 같은 소리를 들을 때는 두 사람의 뇌 활동 일부가 동기화된다. 두 사람이 대화를 나눌 때도 같은 소리를 듣게 되는데 이 경우에는 어떤 일이 생길까? 동기화는 같은 소리를 듣기 때문에만 생기는 걸까?

최근의 한 연구에서는 벽을 사이에 두고 대화를 나누는 두 사람의 뇌 활동을 EEG로 측정했다. 굳이 벽을 사이에 두고 대화를 나누게 한 것은 상대방 목소리 외에 표정이나 몸짓과 같은 정보가 뇌 활동에 영향을 미치지 못하게 하기 위해서다. 그리고 동기화된 뇌 활동에서 대화 소리에 동기화된 부분을 뺐다.

놀랍게도 대화 소리에 동기화된 부분을 제외한 뒤에도 두 사람의 뇌 활동에는 서로 동기화된 부분이 남아 있었다. 이 부분은 대화 내용을 이해하고 예측하는 활동과 관련된 것으로 추정된다. 대화 외에도 카드 게임, 즉흥 연주 등 다양한 상호작용에서 뇌 활동의 동기화가 관측되었다. 동기화의 정도는 서로 경쟁하는 사람들보다는 서로 협력하는 같은 팀일 때 더 컸다고 한다.

두 사람이 서로 공감할 때도 뇌 활동에서 비슷한 부분이 생길 수 있다. 우리는 상대방의 표정을 무의식적으로 조금씩 따라 하는데, 뇌는 얼굴의 근육을 통해 나의 감정을 추론하기 때문이다. 즉, 타인의 표정을 무심코 따라 하면서, 나의 감정(뇌 활동)도 상대의 감정(뇌 활동)과 어느 정도 비슷해질 수 있다.

닮아가는 두 사람

뇌에서 일어나는 모든 활동은 어떤 식으로든 뇌를 변화시킨다. 우리가 누군가와 대화할 때, 협력할 때, 공감할 때, 상대방과 동기화된 나의 뇌 활동은 나의 뇌를 변화시켜왔다. 오래 함께한 부부가 서로 닮아가는 것, 닮고 싶은 사람과 가까이 지내라는 것도 이런 이유 때문일지도 모르겠다.

7. 나를 위해 너를 공감한다

ㄴ —

사회문제의 원인으로 공감 부족이 자주 지목된다. 공감 부족을 한탄하는 이야기를 자주 듣다 보면 공감은 대단히 어렵고 특별한 능력이라고 여기기 쉽다. 하지만 포유류인 쥐, 돼지는 물론 조류인 큰까마귀도 동료의 감정에 전염된다고 한다. 쥐도 하고, 새도 하는 공감을 우리는 어쩌다 이토록 못 하게 되었을까.

—

아빠가 어렸을 때의 일이다. 닭을 많이 기르는 지인으로부터 한나절쯤 병아리들을 지켜봐달라는 부탁을 받았다. 병아리가 작은 방 하나에 가득할 만큼 많았던지라, 삐약삐약 재잘거리는 소리도 제법 컸다고 한다. 그런데 닭이건 강아지건 어린 시절에는 대개 호기심이 많잖나. 아빠가 가만히 누워 있노라니, 병아리들이 콕콕 쪼아보기 시작했다. 여기저기를 콕콕 쪼아대니 아프지는 않아도 성가셔서 '휘익' 하고 휘파람을 불어보았더랬다. 그 순간, 삐약 소리로 가득하던 방이 일시에 조용해졌다고 한다. 겁을 먹은 병아리들이 바짝 굳어서 가만히 있었던 것이다. 물론 몇 초만 지나도 다시 삐약거리며 콕콕 찍어댔지만. 그날 아빠는 휘파람을 여러 번

불어야 했다.

방 안은 삐약거리는 소리로 가득했는데 모든 병아리들이 아빠의 휘파람 소리를 선명하게 들을 수 있었을까? 혹시 휘파람 소리를 제대로 듣지는 못했지만, 주변의 병아리들이 겁을 먹으니 덩달아 겁을 먹은 병아리도 있지 않을까? 이 질문을 해결하려면, 병아리들 사이에도 감정이 전염되는지를 확인해야 한다.

감정의 전염

감정은 전염된다. 주변에 침울해하는 사람이 있으면 덩달아 침울해지고, 주변에 밝고 명랑한 사람이 있으면 덩달아 기분이 좋아진다. 이처럼 같은 종의 개체들 사이에서 감정이 맞춰지는 현상을 감정의 전염이라고 한다.

감정의 전염은 공감과 밀접한 관련을 맺고 있다. 공감을 명확하게 정의하기는 어렵지만, 공감은 감정의 전염보다는 조금 더 넓은 개념으로 보인다. 어떤 사람의 처지를 사실적으로 요약했을 뿐 그 사람의 감정에 대한 정보는 전혀 담지 않은 자료만 읽고도 그 사람의 입장과 감정을 추론하고, 추론한 감정에 공감할 수 있기 때문이다. 하지만 대부분의 상황에서는 몸짓, 표정, 목소리, 말투 등 상대방의 감정을 알려주는 정보를 어느 정도 접할 수 있다. 공감에서 인간의 언어 능력 덕분에 가능해진 부분을 제외한 나머지는 대체로 감정의 전염과 관련된 셈이다.

여러 사회 현상에서 공감 부족이 문제시되다 보니, 공감은 대단히 어렵고 특별한(인간만이 할 수 있는) 능력이라고 생각하기 쉽다. 하지만 쥐, 돼지, 큰까마귀도 감정의 전염 현상을 보인다. 예를 들어 쥐 A와 B를 한 쥐장에서 며칠간 함께 기르는 상황을 생각해보자. A를 특정한 상자에 넣어두고 발에 전기쇼크를 주면, A는 나중에 이 상자에 들어가기만 해도 벌벌 떨면서 무서워하게 된다. 이를 공포 학습이라고 한다. 공포 학습을 갓 끝낸 쥐를 원래의 쥐장에 넣어서 10분간 동료 쥐 B와 함께 지내게 둔 뒤, 이번에는 B에게 공포 학습을 시킨다. 그러면 쥐 B는 전기 쇼크를 주는 상자에 있는 동안 쥐 A보다 더 많이 떤다고 한다. B는 A와 함께 있는 동안 A의 공포 감정에 전염된 상태에서 공포 학습을 받았기 때문이다.

까마귀 사이의 공감

감정은 왜 전염되는 것일까? 감정은 환경적·신체적 필요에 부응하여 뇌의 작동 양식과 생리 상태, 행동 양식을 조율하는 적응적인 작용이기 때문이다. 예를 들어서 화가 아주 많이 났는데, '아, 화난다'라고 냉담하게 생각만 하는 사람은 없다. 심박수가 올라가고, 호흡이 가빠지고, 사고도 평소와는 달라지며, 당장이라도 싸울 준비가 된 것이 화가 난 상태다. 그래서 서로 다른 개체 간에 감정이 전염되면, 상황에 대한 정보도 빠르게 공유할 수 있다. 예컨대 무리 중의 한 개체가 두려워한다면, 다른 개체도 덩달아 두려워함으로써 잠재적인 위험에 대비할 수 있다.

큰까마귀를 사용한 최근 연구를 통해서, 감정의 전염이 다른 개체에게 감정적인 변화만 일으키는 것이 아니라 행동 양상도 바꾼다는 사실이 밝혀졌다. 연구팀은 큰까마귀들을 관측자 그룹과 실행자 그룹으로 나누고, 관측자 그룹의 큰까마귀들에게는 새장의 한쪽 끝에서는 먹이를 얻을 수 있고, 반대쪽 끝에서는 먹이를 얻을 수 없음을 학습시켰다. 충분한 학습이 이뤄진 뒤, 새장 안의 임의의 장소에 새로운 먹이통을 두었다. 그러면 사전 정보가 없는 관측자 큰까마귀는 먹이통에 대해 중립적인 입장을 취하게 된다. 사람이건 동물이건 밝은 감정일 때는 낯선 대상에도 흥미를 느끼게 마련이다. 반면에 부정적인 감정일 때는 낯선 대상을 경계하거나 시큰둥해 한다.

연구자들은 실행자 큰까마귀의 감정이 관측자 큰까마귀에게 전염되어 낯선 먹이통을 대하는 태도에 영향을 줄 것이라고 가정했다.

연구자들은 관측자 그룹의 큰까마귀를 충분히 훈련시킨 뒤, 이들을 실행자 그룹의 큰까마귀가 보이는 새장으로 옮겼다. 실행자 그룹의 큰까마귀에게는 맛있는 먹이와 맛없는 먹이를 둘 다 준 뒤, 맛있는 먹이 또는 맛없는 먹이를 빼버렸다. 그러면 실행자 그룹의 큰까마귀는 맛없는 먹이가 남았을 때는 실망해서 다른 곳을 더 자주 기웃거린다. 반면 맛있는 먹이가 남았을 때는 먹이가 있는 자리에 계속 머무르면서 열심히 머리를 움직여 먹이를 먹었다. 관측자 그룹의 큰까마귀는 실행자 그룹의 큰까마귀에게 어떤 먹이가 주어졌는지는 볼 수 없고 실행자 그룹 큰까마귀의 행동만 볼 수 있었다.

연구자들의 가설이 옳았다. 관측자 그룹의 큰까마귀들은 실행자 그룹 큰까마귀가 (맛있는 먹이를 먹고) 좋아하는 모습을 본 뒤에는 적극적으로 새로운 먹이통을 확인했다. 반면 실행자 그룹 큰까마귀가 실망한 모습을 본 뒤에는 그렇게 하지 않았다.

공감의 이점

이 연구는 사람, 쥐, 돼지 같은 포유류뿐만 아니라 까마귀와 같은 조류도 서로 공감한다는 사실을 보여준다. 또 공감은 나에게 유리한 방향으로 나의 행동을 수정하도록 안내할 수 있음을 알려준다. 같은 종 안에서 너에게 나쁜 일은 나에게도 나쁜 경우가 많고, 우리 집단에 나쁜 일은 나에게도 나쁜 경우가 많기 때문이다. '도덕적으로 옳기' 때문만이 아니라, 나를 위해서라도 공감이 필요한 모양이다. 하다못해 까마귀, 쥐도 공감한다지 않나.

8. 생쥐와 숨바꼭질하기

ㄴ —

얼마 전《사이언스》에 여태까지 본 논문들 중 가장 사랑스러운 논문이 실렸다. 독일의 한 연구팀이 쥐와 숨바꼭질 놀이를 하고 논문으로 발표한 것이다. 웃음을 참으면서 읽고 그 내용을 공유한다.

—

내가 어렸을 때만 해도 골목 여기저기에서 아이들이 노는 모습을 볼 수 있었다. 땅따먹기, 고무줄놀이, 숨바꼭질, '무궁화 꽃이 피었습니다', 얼음땡, 딱지치기, 오자미 놀이, 말뚝박기 등 종류도 다양했다. 아주 어렸을 때는 집에서 부모님, 형제들과 놀았고, 초등학교에 들어간 뒤부터는 쉬는 시간에 교실 뒤편에서, 점심시간에 건물 밖에서 까르르 뛰어다니기 바빴다.

신기한 것은 아이들이 놀이의 규칙을 지켰다는 점이다. 그렇게 하라고 지시하는 어른도 없고 법도 없었지만, 형·누나를 따라온 너무 어린 동생들을 제외하면 아이들은 당연하다는 듯이 규칙을 지켰다. 술래는 술래의 역할을 수행했고, 땅따먹기를 하다가 금을 밟으면 차례를 바꾸었다. 그런데도 재미있었다. 규칙이 자유를 제한하는 셈인데도 아이들은 자발적으로 놀이에 참여했다. "누구야, 노올자~"라는 소리는 초저녁까지 동네에 울려 퍼졌다.

놀이를 즐기는 것은 동물들도 마찬가지인 것 같다. 반려동물을 길러본 사람이라면 알 것이다. 강아지들은 공을 물고 와서는 내가 물어올 테니 던져달라는 거절하기 힘든 눈빛을 보내고, 고양이도 근처를 맴돌며 놀아달라는 신호를 보내곤 한다. 심지어 종이 다른 존재와도 규칙에 따라 놀 수 있는 것이다.

개나 고양이보다는 지능이 낮은 쥐라면 어떨까? 《사이언스》 최근호에 내가 여태까지 본 논문 중 가장 귀엽고 사랑스러운 논문이 실렸다. 독일 훔볼트대학 연구팀이 쥐와 숨바꼭질 놀이를 하고, 그 내용을 논문으로 발표한 것이다.

쥐와 사람의 숨바꼭질 놀이

연구팀은 30제곱미터(약 9평) 정도의 방에서 청소년 시기의 쥐와 숨바꼭질을 했다. 먼저 쥐를 '시작상자'에 넣는다. 쥐가 술래일 때는 시작상자의 뚜껑을 닫고, 실험자가 숨은 뒤에 리모컨으로 뚜껑을 열었다. 그러면 쥐는 상자를 나와 실험자를 찾아다녔다. 쥐가 성공적으로 실험자를 찾으면 실험자는 쥐와 장난을 치며 한동안 놀아주었다. 반대로 실험자가 술래일 때는 쥐를 시작상자에 넣은 다음에 뚜껑을 닫지 않았다. 실험자는 시작상자 옆에 가만히 앉아서 기다렸고, 쥐는 상자가 열린 지 90초 이내에 상자를 나와서 숨어야 했다. 실험자는 쥐를 찾은 뒤 장난을 치며 놀아주었다.

이 과제는 쥐가 레버를 누르면 먹이를 받는 것과 같은 전통적인 실험에 비해 어려운 편이다. 먹이처럼 생존에 필요한 보상을 주지도 않았는데, 이번에 어떤 역할을 맡았는지 쥐가 알아차리고 그 역할을 수행해야 하기 때문이다. 그런데도 실험에 참여한 쥐 여섯 마리가 1~2주 이내에 술래 역할을 습득했다. 쥐들은 술래 역할을 맡았을 때 시각 정보와 기억을 활용하는 것으로 보였다. 실험자가 눈에 보이는 곳에 있으면 눈에 보이지 않는 곳에 있을 때보다 빨리 찾았기 때문이다. 또 실험자가 5회 연속 같은 장소에 숨으면 쥐가 실험자를 찾는 속도가 점점 빨라졌다.

술래 역할을 배운 쥐 여섯 마리 중 다섯 마리는 숨는 역할도 성공적으로 학습했다. 쥐들은 숨는 역할을 맡았을 때 투명한 상자처럼 눈에 보이는 장소보다는 불투명한 상자나 판자 뒤편처럼 보이지 않는 장소를 선호했다. 또 숨어 있을 때는 소리를 내지 않고 조용히 있었다. 사람에게는 들리지 않지만 쥐들도 발성을 하는데, 쥐들이 숨을 곳을 찾아다닐 때와 숨어 있을 때는 발성의 빈도가 낮았다. 이는 쥐가 술래 역할과 숨는 역할의 차이를 이해하고, 역할에 맞게 행동했음을 암시한다. 연구자들은 쥐들이 숨바꼭질을 하는 동안 배측 중앙 전전두엽에 있는 신경세포의 활동을 측정해 이 영역이 숨바꼭질 놀이의 역할 수행과 관련됨을 발견했다.

쥐의 주관적인 느낌을 알 방법은 없지만, 쥐들은 정말로 놀이를 즐긴 걸로 보인다. 먹이와 같은 보상을 주지 않았음에도 쥐들은 숨어 있는 실험자(쥐가 술래일 때)나 숨을 장소(실험자가 술래일 때)를 찾아 빠르게 열정적으로 돌아다녔다. 숨어 있던 실험자를 찾거나 숨어 있다가 들킨 뒤에는 연구자 주변을 맴돌며 장난을 쳤고, 기뻐서 점프를 하기도 했다. 또 먹이를 얻기 위해 뭔가를 해야 하는 전통적인 실험에서와 달리 발성을 많이 했다. 쥐들은 술래 역할을 맡아 돌아다니다가 숨어 있던 실험자를 찾았을 때, 실험자에게 들킨 뒤에 장난을 칠 때, 시작상자로 돌아갈 때도 발성을 자주 했다. 아이들이 숨바꼭질을 할 때 술래가 "찾았다!"라고 외치는 장면, 술래가 찾아낸 아이와 재잘거리면서 되돌아가는 장면이 떠오르지 않는가?

다른 생명과의 교감과 공존

진지한 것과는 거리가 먼 데다 경제적 파급 효과도 적어 보이는 이런 연구는 연구비를 지원받기 힘들지도 모르겠다. 하지만 이 연구는 배측 중앙 전전두엽에 대한 이해를 진전시켰으며, 쥐의 공간 탐색과 역할 수행, 상대 관점 이해, 의사 결정을 연구할 수 있는 새로운 실험 디자인을 제시한다. 또 쥐와도 숨바꼭질을 할 수 있다는 사실은 세상을 보는 시각을 넓혀준다. 우리는 다른 생명체들과 어울리고 교감하며 거기에서 기쁨을 느낄 수 있는 존재다.

우리 삶을 지탱하고 있으며, 우리와 교감할 수 있는 생명들이 요즘 아프다. 바다에 버려진 플라스틱으로 해양 생물들이 고통받고 있고, 아마존 열대우림은 몇 주 동안이나 불탔다. 북극의 얼음이 녹아 북극 생명들이 갈 곳을 잃었고, 빙하에 녹아 있던 온실가스가 방출되면서 이미 빠른 기후변화는 더 빨라졌다. 생태계를 지탱하던 생물 다양성이 빠르게 훼손되고 있고, 머지않아 호모 사피엔스도 거기에 포함될 수 있다. 10년 뒤, 20년 뒤에도 봄이면 나비가 날고, 가을이면 귀뚜라미 소리가 들리는 세상에서 숨바꼭질을 할 수 있으려면 당장 움직여야 한다.

9. 장내 미생물과 사회성

ㄴ—

'세균'이나 '미생물'이라고 하면 꺼림칙하고 불편한 느낌부터 받는 이들이 많다. 한국보다는 미국에서 이런 경향이 더 심한 것 같다. 영어 단어 'germ(세균)'을 언급하면서 '나쁘고 더럽고 위험한 병원균'이라고 표정으로 말하는 경우가 종종 있기 때문이다. 하지만 유산균처럼 우리와 공생하는 미생물도 많다. 장내 미생물들이 우리의 건강, 정서, 행동에 끼치는 영향이 점점 더 많이 밝혀지고 있다.

—

질병의 동물 모델

최근의 한 연구에 따르면 미생물은 사회성에도 상당한 영향을 준다고 한다. 이 연구에서는 생쥐의 자폐증 모델을 사용했다. 우울증, 치매, 자폐증 등 신경정신 질환에 대한 치료법을 개발하려면 질환에 해당하는 동물 모델이 있어야 한다. 이 동물 모델의 증상을 개선하거나 진행을 막는 치료법이 발견되면, 점점 더 사람에 가까운 동물(쥐, 원숭이)에 치료법을 적용하고 원리를 규명하면서 가능성을 타개해간다. 하나의 질병에 대해서도 증상은 비슷하지만 조금씩 다른 원리를 가진 동물 모델이 몇 가지 있을 수 있다.

소개된 연구에서는 생쥐의 자폐증 모델 세 가지에서 락토바실루스 루테리Lactobacillus reuteri라는 장내 박테리아가 사회성을 높인다는 사실을 발견했다. 자폐증은 사회적인 소통 능력이 손상되고 반복적인 행동을 보이는 질환이다. 흔히 '자폐증'이라고만 알려져 있지만 여러 종류가 있고 증상의 정도도 다양하기 때문에 자폐범주성 장애autism spectrum disorder라는 명칭이 더 정확하다.

락토바실루스 루테리라는 장내 박테리아가 사회성에 영향을 주는지를 연구하려면 먼저 사회성을 '측정'할 수 있어야 한다. '측정'은 연구 결과를 검증할 수 있는 중요한 수단이므로, 사회성을 측정하기에 적확한 척도를 먼저 확립해야 한다. 대개는 해당 분야에서 널리 쓰이고 있는 척도를 사용한다. 새로운 척도를 개발할 때는 대개의 경우 별도의 논문을 발표해서 이 척도가 타당함을 보이는 과정을 거친다.

소개된 연구에서는 사회성을 측정하기 위해서 세 가지 척도를 사용했다. ① 먼저 생쥐가 낯선 생쥐와 보내는 시간을, 빈 공간에 넣어둔 컵과 상호작용하는 시간과 비교했다. 컵과 상호작용하는 시간보다 낯선 생쥐와 보내는 시간이 길수록 사회성이 높다고 평가했다. ② 또 이미 알고 있는 생쥐와 보내는 시간보다 새로 만난 생쥐와 보내는 시간이 길수록 사회적인 새로움을 추구하는 경향이 높다고 평가했다. ③ 끝으로 유전형과 치료법이 같은 다른 생쥐와 상호작용하는 시간이 길수록 사회적인 상호작용을 많이 한다고 보았다.

장내 박테리아와 오늘의 기분

세 종류의 자폐증 모델 생쥐들은 이 세 가지 척도 모두에서, 혹은 ①번과 ③번 척도에서 낮은 사회성을 보였다. 하지만 이 생쥐들이 매일 마시는 물에 락토바실루스 루테리라는 박테리아를 넣었더니 증상이 개선되었다. 이런 효과가 나타나는 것은 영양분, 면역, 내분비 등 내장의 상태에 대한 정보를 미주 신경이 뇌로 전달하기 때문이라고 한다. 횡경막 아래쪽의 미주 신경을 절단했을 때는 이러한 효과가 발견되지 않았기 때문이다.

미주 신경의 활동은 시상하부에서 옥시토신의 분비를 촉진할 수 있다. 옥시토신은 사회성과 깊은 관계가 있으며 도파민 등 다른 신경조절물질과의 협응을 통해 사회적인 행동에도 영향을 준다. 실제로 연구자들은 자폐증 모델 생쥐에서 도파민 신경세포가 옥시토신의 영향을 받을 수 없게 만들었더니(도파민 신경세포에서 옥시토신 수용체를 제거했더니) 락토바실루스 루테리의 효과가 사라지는 것을 발견했다. 종합하면 이 연구는, 장내 미생물이 사회성에 영향을 준다는 사실을 발견하고, 이 영향의 잠재적인 원리까지 제시한 셈이다.

만일에 국내 연구진이 이 연구를 수행했다면, "국내 연구진이 세계 최초로 자폐증의 치료법 발견"이라는 기사가 나왔을지도 모르겠다. 그런데 가만히 돌이켜보면, 그동안 이런 제목의 기사가 많았던 것에 비해서는 치료법이 아직 나오지 않은 질병들(예: 치매 등)이 제법 많다. 이는 이와 같은 연구 결과가 사람에게 적용되려면 무수한 추가 연구가 필요하기 때문이다. 예를 들어서 락토바실루스 루테리가 뇌의 다른 영역, 다른 행동, 다른 생리작용에 부정적인 영향을 주지는 않을지, 이 연구에 포함되지 않은 다른 자폐 범주성 장애에도 효과가 있을지, 오랜 기간 투여해도 괜찮을지, 생쥐가 아닌 사람에게도 효과가 있을지 등을 살펴보아야 한다. 이런 과정에는 대개 10년이 넘는 시간이 걸리고, 많은 후보 약물(또는 치료법)이 사람에게 유용하지 않다고 판명되어 낙오한다.

① 나쁘고 더럽고 위험한 미생물도 많지만 그런 미생물만 있는 건 아니라는 사실, ② 뇌와 무관해 보이는 장 환경이 뇌에도 영향을 준다는 사실, ③ 사회성처럼 심리적인 측면이 먹는 것처럼 신체적이고 기본적인 일에도 영향을 받는다는 사실을 소개하고 싶었다. 또 ④ 과학 연구에서는 적절한 '측정'이 매우 중요하다는 사실 ⑤ 그렇기 때문에 질병을 연구하기 위해서는 적절한 척도와 마땅한 동물 모델이 필요하다는 사실, ⑥ 유명한 저널에 실린 하

나의 논문이 '질병 치료법 발견', '질병 원인 규명'으로 확대될 수 없다는 사실 등 다양한 이야기를 풀어내고 싶어서 이 연구를 소개했다.

└→ —

유통업계에 종사하는 친척과 마트에 간 적이 있다. 그는 내가 별생각 없이 장을 보던 마트에서 상품의 종류과 가격을 눈여겨보았다.
이처럼 직업은 내가 무엇을 눈여겨보고, 세상을 어떻게 이해하며 살아가는지에 영향을 준다. 뇌과학자에게는 뇌과학이 직업이다.
뇌과학자여도 본인의 연구 주제가 아닌 이상, 뇌과학과 관련된 모든 생각을 과학적으로 검증할 수는 없다.
하지만 남들보다 먼저 뇌과학이 주는 통찰을 삶에 적용해보면서 삶을 바꿔갈 수는 있다.

—

1. 목표를 이루는 '도파민 활용법'

↳ —

내 연구 주제는 도파민이다. 도파민은 강화 학습과 동기, 습관 형성에서 중요한 역할을 하는 신경조절물질이다. 배운 게 도둑질이라, 새해를 맞이할 때처럼 목표를 세우고 동기를 부여할 때면 여지없이 도파민이 떠오른다. 안다고 다 실천할 수 있는 것은 아니지만, 혼자 알기엔 너무 아깝다.

—

일상에서 '동기'는 "수험생에게 동기를 부여한다"라고 말할 때처럼 '오래 지속되는 동기'를 뜻한다. 반면 뇌과학에서 '동기'는 즉각적인 행동을 유발하는 것을 뜻한다. 신경조절물질인 도파민은 동기와 깊이 연관되어 있다. 도파민의 분비가 많을수록 신경 네트워크가 움직임을 일으키기 쉬운 상태가 되기 때문이다. 그래서 도파민 신경세포가 괴사하는 질병인 파킨슨병에 걸리면 움직임을 시작하기 어려워지고, 동작도 느려진다. 반면에 도파민이 과잉 분비되면 충동적이고 성급한 행동을 하기 쉽다.

그렇다면 도파민은 언제 분비될까? 달리 말해 뇌는 언제 실천하기 쉬운, 동기를 부여받은 상태가 될까? 도파민은 예상보다 많은 보상이 확인될 때 분비된다. 예를 들어보자. 파블로프의 개는 종소리 다음에 먹이가 주어진다는 사실을 처음에는 몰랐다. 따라서 먹이가 주어지는 시점이 예상보다 많은 보상이 확인되는 시점이며 도파민도 이때 분비된다. 하지만 종을 울린 다음에 먹이를 주는 훈련을 반복하면, 종소리가 들린 뒤에 먹이가 주어진다는 사실을 깨닫게 된다. 따라서 종소리가 들린 시점이 종소리를 듣기 전보다 더 많은 보상이 주어지리라고 확인되는 시점이며, 도파민도 이때 분비된다. 이처럼 도파민은 예상보다 많은 보상이 주어질 때 분비되어, 보상을 획득하기 위한 행동을 하기 쉬운 상태로 만든다.

먼 미래가 아닌, 지금을 위한 동기

그런데 같은 크기의 보상이라도 나중에 주어질수록 도파민 분비가 줄어든다. 예컨대 종소리가 들린 지 5초 뒤에 맛있는 간식이 나오고, 노크 소리가 들린 지 10초 뒤에 똑같은 간식이 나오는 경우, 종소리가 들렸을 때 분비되는 도파민의 양이 노크 소리가 들렸을 때보다 더 많다. 이처럼 도파민은 행동에 즉각적인 영향을 미치며, 먼 미래에 주어질 보상에 대해서는 시큰둥하게 반응한다. 이 사실을 종합해보면, 먼 미래에 대한 계획과 비장한 각오보다는, 지금 이 순간을 위한 각오와 잠시 후의 만족이 목표를 이루는 데 더 유용하다는 결론이 나온다. 『한 걸음을 걸어도 나답게』라는 책에서 발레리나 강수진도 비슷한 이야기를 했다. 먼 미래에 어떻게 될지는 막연하지만 잠시 후 연습을 마쳤을 때의 뿌듯함을 생각하면 연습하기로 결정하기도 수월하다고. 재미있는 드라마를 보고 싶지만 발레 연습을 하겠다는 한순간의 선택은 그다음의 몇 시간을 결정한다. 그렇게 작은 선택이 만든 몇 시간과, 몇 시간 뒤의 작은 만족이 모여서 365일 뒤의 차이를 만든다.

해낸 것에 대한 보상과 탐구

아무리 치밀한 계획을 세워도 계획대로 되지 않는 경우가 생긴다. 계획이 틀어지는 것은 실행 방법이 잘못되었기 때문일 수도 있고, 뜻밖의 변수가 나타났기 때문일 수도 있다. 이처럼 계획이 틀어지게 마련이라면, 계획대로 지키지 못했을 때 어떻게 대응하는지가 중요하다.

다시 도파민을 생각해보자. 도파민은 강화학습에서 중요한 역할을 한다. 강화학습이란, 긍정적인 피드백을 받은 행동은 더 자주 하면서 능숙해지고, 부정적인 피드백을 받은 행동은 점점 덜 하게 되는 과정을 뜻한다. 도파민은 예상보다 보상이 클 때 분비되어 긍정적인 피드백을 주고, 보상이 예상보다 못 할 때는 일시적으로 분비를 멈춰 부정적인 피드백을 주면서 강화학습을 이끈다. 많은 사람이 자신의 의지박약을 타박하면서 부정적인 피드백을 주는 데는 익숙하지만 긍정적인 피드백을 주는 데는 인색하다. 작심삼일에 그칠 수밖에 없는 피드백을 주면서 의지만 탓하는 것이다.

어떻게 하면 긍정적인 피드백을 잘 줄 수 있을까? 피드백이 긍정적인지 부정적인지는 '예상'에 해당하는 기준점을 어디로 정하느냐에 따라 달라진다. 계획의 완벽한 실천을 기준점으로 삼으면 나의 행동이 부족할지 몰라도, 지난 주나 작년의 행동을 기준점으로 삼으면 오늘의 행동이 더 나은 것일 수 있다. 어제보다 모든 측면에서 낫지는 않더라도, 한두 가지 측면에서는 개선된 부분이 있을 수 있다. 두 걸음 앞으로 나아갔다가 한 걸음 뒤로 물러나면서 조금씩 전진하는 것이다. 이렇게 진척이 느껴져야 강화학습이 일어나고 재미도 있다.

물론 긍정적인 피드백만으로는 부족하다. 계획한 대로 진행되지 않았을 때는 새로운 방법을 탐색하는 과정도 거쳐야 한다. 절묘하게도, 동물들은 도파민의 분비가 높을 때는 새로운 것을 탐색하는 행동이 늘어나는 반면, 도파민의 분비가 낮을 때는 이전에 하던 행동을 반복하는 경향을 보인다. 긍정적인 피드백을 줘야 할 이유가 하나 더 늘어난 셈이다.

흔들리더라도 꾸준히 함께

여러 사람이 함께 목표를 추진하는 것은 효과적인 방법을 탐색하고, 긍정적인 피드백을 받는 데 도움이 될 수 있다. 우리는 촛불혁명을 통해 이미 이런 경험을 했다. 청와대 앞을 막자 시내로 나서고, 질서를 어지럽힌다는 비방이 계속되자 도로를 깨끗하게 치우고, 방송을 왜곡하자 독립 언론으로 맞서고, 다양한 비폭력 시위 방법을 연구하며, 멈추는 듯하면서도 꾸준히 개선해왔다. 그리고 마침내, 돌 하나 던지지 않고 대통령을 바꿨다.

나는 이 글을 쓰기 3~4주 전부터 목표에 대한 글을 쓰기로 하고 플랭크를 해왔다. 목표는 하루이틀에 한 번이었지만, 못 하고 지나가더라도 끈을 놓지는 않으면서 결과를 기록하고, 친구들과 공유해왔다. 처음 시작할 때 1분을 간신히 채웠는데, 이 글을 쓰기 전날 열두 번째로 하면서 2분을 넘겼다. 그러니 멈추는 듯, 퇴보하는 듯 보여도 꾸준히 함께 가자.

2. 우울에 빠진 뇌

↳ —

바야흐로 우울의 시대다. 불확실한 미래와 기약 없는 경쟁은 사람을 지치고 우울하게 만들고, 『죽고 싶지만 떡볶이는 먹고 싶어』와 같은 책들이 인기를 끈다. 우울은 '대충 살자'라고 농담처럼 말하며 발버둥을 숨기는 젊은 세대를 유난스럽게 관통하는 감정이기도 하다. 뇌과학에서는 우울을 어떻게 이해할까?

—

우울증은 전체 인구의 15~20퍼센트가 평생에 한 번은 경험하는 흔한 질환이며, 2020년까지 가장 큰 경제적 부담을 초래할 질병 세 가지 가운데 하나에 포함된다. 우울증에 걸리면 삶의 질과 생산성이 떨어지고, 경우에 따라서는 자살로 이어지기 때문이다. 치료하려면 적어도 몇 달간 약을 복용해야 하므로 우울증은 제약산업에서도 무시할 수 없는 질병이다.

우울: 수렁에 빠진 뇌의 전략

우울증을 치료하는 약을 개발하려면, 먼저 동물의 뇌를 대상으로 우울증에 대한 이해를 진전시키고 후보 약물의 안전성과 약효를 시험하는 과정을 거쳐야 한다. 그러려면 먼저 동물에게 우울증(혹은 우울증과 충분히 유사한 증상)을 유발할 수 있어야 한다. 어떻게 하면 동물이 우울증에 걸리게 할 수 있을까?

'강제 수영 시험'이라는 실험이 널리 쓰이고 있다. 이 실험에서는 쥐의 발이 바닥에 닿지 않는 깊이로 물을 채운 상자에 쥐를 15분간 넣어둔다. 쥐는 물을 싫어하기 때문에 처음에는 한동안 수영을 하며 허우적거리거나, 벽을 타고 올라가려 하는 등 상황을 타개하기 위해 노력한다. 하지만 아무리 노력해도 벗어날 방법이 없다는 것을 안 뒤에는 더 이상 움직이지 않고 가만히 있는다. 24시간 뒤 물을 채운 상자에 쥐를 다시 넣었을 때, 쥐가 5분 동안 얼마나 움직이지 않는지, 벗어나려고 노력하는 시간이 얼마나 짧아졌는지를 측정해서 우울의 정도를 추정한다. 아무리 노력해도 희망이 보이지 않는 상태에서, 노력하지 않음으로써 심리적인 자원을 절약하는 적응적인 대응 양식을 우울이라고 보는 셈이다. 하기야, 해도 안 되는 상황에서 안 되는 방법을 계속 시도하는 것은 진취나 노력이 아닌 어리석음이다.

우울증에 걸린 사람들은 이전과 다른 행동 양식, 다른 사고 패턴을 보이기 시작한다. 자전적인 기억들이 뭉그러지거나 잘 떠오르지 않기도 하고, 불쾌한 대상을 회피하는 경향이 심해지기도 한다. 자기 자신에 대한 고민을 계속하게 되기도 하고, 작업 기억을 비롯한 인지 능력이 감퇴하기도 한다. 아무런 희망이 없다고 느끼면서 미래에 대한 감각 자체가 막연해지고, 현실감이 무뎌지면서 시간이 물속에 잠긴 것처럼 흐른다고 느끼기도 한다. 이 증상들은 대체로 바람직하지 않고 즐겁지도 않지만, 바꿀 수 없는 현실에서 오는 고통을 줄여준다. 또 새로운 행동 양식을 만들어낼 수 있다. 우리는 행동할 때 내가 어떤 사람인지 알려주는 자전적인 기억의 영향을 받는데, 자전적인 기억이 흐려지고 자신을 성찰하는 태도는 이전과 같은 행동을 반복하기 어렵게 만들기 때문이다. 어쩌면 우울이란, 해도 안 되는 상황에서 자세를 낮춰 기다리고, 자신을 깎아내면서 변화를 감내하는 상태일지도 모르겠다.

이해에서 전략으로

우울에 긍정적인 측면이 있으므로 방치해도 좋다는 뜻은 결코 아니다. 하지만 우울을 감기에 비유하면, 정신질환이라고 했을 때 연상되는 편견을 해소하기에는 좋지만 그저 운이 나빠서 걸린 병이라고 생각하기 쉽다. 한편 부정적인 생각을 해서 우울증에 걸린다고 보면, 부정적인 감정을 억누르고 긍정적으로만 생각하면 된다고 여기기 쉽다. 반면에 우울을 살아가기 위한 몸부림으로 보면, 우울에 대한 이해에 맞춰 대응 방법도 개선할 수 있다.

먼저 현실 인식과 실제가 일치하는지 사실을 점검해볼 수 있다.

한때 '보통'이라고 믿었던 것이 더 이상 '보통'이기 힘들어졌는데도 성취하려고 애쓰다 보면 무리하다가 좌절하기 쉽고, 고생해봤자 '보통'이므로 만족하기도 어렵다. 이렇게 점검하는 과정은 우울한 사람뿐 아니라 다른 이들에게도 필요하다. 다수의 틀린 믿음은 중세의 미신처럼, 그 믿음을 따르지 않는 이들에게까지 부정적인 위력을 행사하기 때문이다.

현실 인식은 지나치게 희망적인 쪽으로도 왜곡될 수 있지만, 부정적인 쪽으로도 왜곡될 수 있다. 예컨대 실제로는 할 수 있는 일인데도 주변에 참고할 만한 모델이 없어서 불가능하다고 인식해버리면 희망을 갖기 힘들다. 이런 상황을 피하려면 해낼 수 있는 방법을 다양하게 조사하고, 그동안 해낸 일들을 살펴 내가 가진 역량을 확인하고, 가용 자원을 파악해야 한다. 이것은 긍정적인 태도가 좋다고 해서 엄연히 존재하는 문제를 없다고 치부하는 것과는 다르다. 그동안 인식하지 못했거나 평가절하 했던 긍정적인 부분을 사실 그대로 인식하는 쪽에 가깝다. 어렸을 때는 아무것도 하지 않아도 주변에서 가능성을 믿고 바라봐주기 때문에 희망차게 지내기가 쉽다. 하지만 나이가 들어서는 노력을 통해 스스로 희망을 찾고, 가꾸고, 지켜야 한다.

해도 안 되는 경험 때문에 우울감이 생긴다면 현실을 타개하는 실질적인 능력을 기르는 것과 더불어 뭔가를 실제로 해내는 경험이 필요하다. 신경계부터가 상상 속에 행복을 구현하기 위해서가 아니라, 태양 아래 바람을 느끼고 현실을 타개하며 살아가기 위해 존재하기 때문이다. 계속 실패를 맛보고 있다면 본업에서 조금 벗어나더라도 할 수 있는 일에 투자하면서 실력을 기르고 성취감을 느껴보는 것이 도움이 될 수 있다. 한편 문제를 시의적절하게 인지해서 관리하는 능력(예: 직업 역량, 과학기술)을 기르면 개인 또는 집단이 취할 수 있는 선택지의 가짓수도 늘어난다.

끝으로 개인이 속한 현실을 바꾸는 것도 필요하다. 물에 넣은 쥐를 사람이 꺼내주지 않으면 쥐는 아무리 노력해도, 아무리 도전하고 긍정적으로 생각해도 고통에서 벗어날 수 없다. 다행스럽게도 사람의 현실은 사람이 만든다. 질병, 기아, 자연재해의 피해가 줄어든 요즘, 제도와 문화처럼 사람에게 중요한 현실을 만드는 것은 사람이기 때문이다. 따라서 개인이 아무리 노력해도 벗어날 수 없는 상황이 줄어들도록, 사람이 만든 현실도 개선해가야 한다.

용틀임하는 생명

원하는 것을 위해 희망차게 노력할 때의 생기발랄함을 한 번이라도 경험해본 사람이라면, "대충 살자"라는 말이 위안이 된다는 이들에게 한심함보다는 슬픔을 느낄 것이다. 살아가는 시간이 생명인데 자기 생명이 가벼운 사람이 어디 있겠나. 우리가 서로에게 만들어주는 현실이 더 좋아지기를 바란다.

강제 수영 시험 연구의 타당성

얼마 전, 강제 수영 실험이 우울증 모델로 타당한지 의문을 제기하는《네이처》칼럼을 보았다. 쥐들이 헤엄치기를 중단하는 것은 애써봤자 소용이 없음을 알고 포기했기 때문일 수도 있지만, 헤엄치기를 중단하면 실험자가 꺼내줄 것임을 쥐들이 학습했기 때문일 수도 있다는 것이 주요 이유 가운데 하나였다.「성인의 해마에서는 신경세포가 새로 생길까, 생기지 않을까」에서도 살펴봤듯, 이런 의문만으로 '강제 수영 실험에는 과학적인 근거가 부족하다'라고 단정 짓기는 어렵다. 강제 수영 실험을 활용한 연구들이 대단히 많은 상황이므로 한참이 더 지난 뒤에야 결론이 내려질 것으로 보인다.

3. 건강한 나이 듦

↳ —

개체분절적으로 사고한다고 과학적으로 사고하는 것은 아니다. 하지만 서양에서 발전된 과학에 개체분절적인 성향이 강하다 보니, 과학에 익숙한 현대인들도 개체분절적으로 사고하는 경향이 있다. 그중의 한 예가 뇌와 관련된 증상의 원인을 뇌에서만 찾는 것이다. 뇌는 필요한 에너지를 공급받고, 노폐물을 처리하며, 외부 환경과 몸 상태에 대한 정보를 얻기 위해 신체의 나머지 부분에 절대적으로 의존하고 있다. 그래서 뇌의 노화에서도 신체 다른 부분들의 역할이 매우 중요하다.

—

19세기에 젊은 개체와 나이 든 개체 사이에 피를 교환하는, 약간은 잔인한 수술 기법이 도입되었다. 혈액 속에는 여러 종류의 단백질이 있어서 뇌를 비롯한 신체 장기들이 몸 전체로 신호를 전달하고 정보를 통합할 수 있게 해주는데, 이 방법을 사용하면 나이에 따른 피의 효과를 비교할 수 있다. 연구 결과, 젊은 개체의 피를 나이 든 개체에게 주입하면 해마에서 새로운 신경세포의 생성이 촉진되고, 시냅스를 구성하는 핵심적 구조물인 스파인의 밀도가 높아진다는 사실이 밝혀졌다. 해마는 사건과 지식을 기억하고 공간을 탐색할 때 핵심적인 역할을 하는 뇌 부위로, 알츠하이머병에 걸렸을 때 두드러지게 손상되는 대표적인 부위다. 반대로 나이 든 개체의 피를 젊은 개체에 주입했더니 해마에서의 신경세포 생성이 줄어들고, 학습과 기억 능력이 저하되었다.

이 같은 현상이 생기는 것은 나이에 따라 혈액을 순환하는 단백질의 양과 종류가 변하기 때문이다. 혈액에 있는 3,000여 개의 단백질을 조사한 르할리에Lehallier 등의 연구에 따르면, 노화와 관련된 단백질들은 만 34세까지 늘어났다가 한동안 줄어든 뒤, 만 60세 전후로 다시 조금 높아졌다가 낮아지고, 만 78세까지 크게 높아졌다. 청년, 중년, 노년기에 혈관을 순환하는 단백질의 종류는 많이 겹쳤으나, 완전히 겹치지는 않았고 발현되는 양에서도 차이를 보였다. 어떤 장기에서 어떤 원리로 어떤 단백질들이 생기는지, 이 단백질들이 뇌에서 어떤 작용을 하는지는 아직 모두 밝혀지지 않았지만, 지금까지 알려진 것들을 조금 살펴보자.

운동하는 근육이 보내는 신호

근육은 운동을 하는 동안, 여러 종류의 단백질과 대사 부산물을 내보낸다. 이렇게 분비된 물질들 중에는 가까운 거리를 잠시 이동하는 것도 있지만, 혈액을 따라 멀리까지 이동하는 것도 있다. 그

중 하나가 운동한 다음 날 근육통을 일으키는 젖산(락트산)이다. 락트산은 해마를 비롯한 뇌의 각 부위에서 혈관의 형성을 촉진하여 에너지와 물질의 공급을 돕는다.

나이가 들수록 근육과 신체 활동량이 줄어드는데, 이런 변화는 인지 능력의 감퇴를 동반하는 경향이 있다. 특히 알츠하이머병과 같은 신경 퇴행성 질환에서 이런 경향이 두드러진다. 예컨대 운동 후에는 FNDC5라는 단백질이 쪼개지면서 해마의 성장인자를 조절하는 물질이 생긴다. 연구에 따르면 알츠하이머 환자의 해마와 뇌척수액에는 FNDC5의 양이 적다고 한다. 반면 알츠하이머병의 모델 생쥐에서 유전자를 변형시키거나 약물을 주입하여 FNDC5의 양을 늘리면 인지 능력이 향상되는 경향을 보였다. 이상의 연구들은 운동이 건강한 뇌 활동에 중요하다는 사실을 암시한다.

식습관과 수면

뇌가 원활하게 동작하기 위해서는 에너지 공급이 매우 중요하다. 뇌의 무게는 체중의 2퍼센트밖에 되지 않지만, 몸이 사용하는 전체 에너지의 20퍼센트나 소비한다. 뇌는 글루코스를 주된 에너지원으로 사용하지만, 글루코스가 부족할 때는 케톤체도 사용한다. 케톤체는 단식(예를 들어 저녁 식사 후 다음 날 아침 식사 때까지 12시간 동안의 단식)하는 동안 간에서 생성된다. 케톤체는 오랫동안 굶은 후나, 당뇨병에 걸린 사람들처럼 인슐린 저항성을 가진 경우에는 중요한 에너지원이 된다.

무지카-파로디Mujica-Parodi 등의 연구에 따르면, 밤에 단식을 한 사람이나 케톤 이스터(체내 케톤체 농도를 높여주는 물질)를 섭취한 사람들의 뇌에서는 서로 다른 뇌 부위들 간의 소통이 안정적으로 유지되었다고 한다. 통상적인 식사를 하고 케톤 이스터를 섭취한 사람들의 뇌에서도 비슷한 효과가 관찰되었다. 서로 다른 뇌 부위들 간의 안정적인 소통은 뇌의 노화와 매우 긴밀하게 연결되어 있어서, 야식하지 않는 식습관도 뇌의 노화와 긴밀한 관련이 있음을 보여준다.

노폐물 제거도 중요하다. 노폐물을 담고 있는 뇌 구석구석의 액체(간질액)는 뇌동맥의 맥박에 힘입어 뇌척수액으로 들어가고, 뇌척수액을 통해 노폐물이 뇌 밖으로 나간다. 나이가 들면 맥박의 힘이 약해지면서 간질액이 뇌척수액으로 들어가는 효율이 떨어진다. 뇌척수액을 통해 노폐물이 청소되는 과정은 잠을 잘 때 활발하다. 그래서 간헐적인 수면 부족과 불규칙적인 수면은 인지 능력의 저하를 부추기고 알츠하이머병에 걸릴 위험을 높인다.

활기찬 대응: 노화

이상의 연구들은, 뇌의 노화라는 게 뇌만 늙는 현상이 아님을 보여준다. 뇌의 노화는 몸 전체의 노화와 얽힌 현상이며 평소 먹고 자고 운동하는 생활습관에 큰 영향을 받는다. 변해가는 몸 상태에 뇌가 적응하는 과정이 노화인 셈이다.

'노화'라는 단어는 무력하고 수동적인 느낌을 주지만, 이런 관점에서 보면 뇌의 노화는 대단히 적극적인 과정이기도 하다. 실제로 고령의 뇌에서는 노화로 인한 신경 자원(신경세포의 수, 시냅스의 밀도처럼 물리적인 구성물의 양과 가지고 있는 구성물을 효율적으로 사용하는 방식)의 손실을 보완하려는 작용이 활발하게 일어난다. 예를 들어서 젊은 사람보다 더 넓은 뇌 영역을 활용하거나, 같은 뇌 영역도 더 많이 활성화시키는 현상이 자주 관찰된다고 한다. 젊은 사람의 뇌에서도 어려운 문제를 풀 때면 비슷한 방식의 보완이 일어나지만, 고령의 뇌에서는 비교적 쉬운 문제를 풀 때도 이런 현상이 자주 나타난다.

한편 기존에 사용하지 않던 방식으로 뇌를 재구성해서 보완하기도 한다. 예를 들어서 우뇌보다는 좌뇌가 언어 능력에서 더 중요한 역할을 한다. 하지만 뇌졸중으로 좌뇌가 손상되어서 실어증에 걸렸을 때는 원래라면 언어에 큰 영향을 끼치지 않는 우뇌를 사용해서 언어 능력 보완을 시도하는 것이다. 그래서인지 고령자들은 좌뇌와 우뇌를 함께 사용하는 경우가 젊은 사람보다 많다고 한다. 난관에 부딪히면 고령의 뇌도 새로운 방법을 시도하면서 활기차게 작동하는 것이다. 이렇게 애쓰는 뇌를 위해서라도, 먹고 자고 운동하는 생활 습관 정도는 내가 잘 챙겨주자.

P. S. 노파심에 보태자면, 이 글을 읽고 케톤 이스터를 먹거나, FNDC5를 먹어야겠다고 결심하는 것은 다소 이를지도 모르겠다. 완경기 후에 약으로 에스트로겐 수치를 높이는 것이 유방암에 걸릴 위험을 높이는 부작용을 낳는 것처럼 위 물질들에도 부작용이 있을 수 있기 때문이다. 혈액 속의 모든 단백질을 정교하게 검사할 수 있는 기술이 나오고, 임상 연구가 충분히 이루어져서 수십 년 안에는 좋은 치료법이 나오기를 기대해본다.

4. 도파민의 두 얼굴, 보상과 중독

ㄴ —

어떤 이들은 원시 시절부터 진화한 도파민 회로가 마약에 속아서 중독되므로 문명인의 지성과 의지로 극복해야 한다고 말한다. 하지만 중독되지 않은 대다수 현대인의 의지도 약하다. 3일 만에 새해 다짐을 포기하는 일을 수십 년째 반복하고 있으며 헬스장을 끊어두고 가지 않는 경우도 허다하다. 그러니 부족한 의지를 더 약하게 만드는 중독성 물질은 호기심에라도 시도하지 않는 편이 안전하다.

—

동물들은 먹이, 짝, 사회적인 지위처럼 생존에 유리한 보상을 추구한다. 효용이 큰 보상을 잘 획득하는 개체나 종족일수록 번성하기 유리해진다. 보상을 추구하는 행위와 관련이 깊은 뇌 속 물질은 도파민이다. 앞서 서술한 것처럼, 도파민 신경세포는 예상보다 큰 보상이 주어질 때 발화해서, 예상보다 큰 보상이 주어지는 행동을 실행하고(동기), 나중에도 이 행동을 실행할 확률이 높아지도록(학습) 이끈다. 그래서 도파민은 어떤 행동을 할지 선택하고 학습하는 과정에서 핵심적인 역할을 한다. 학습된 행동을 오래 반

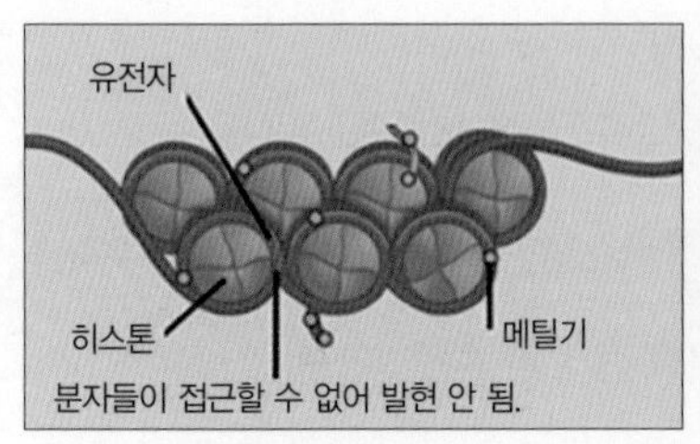

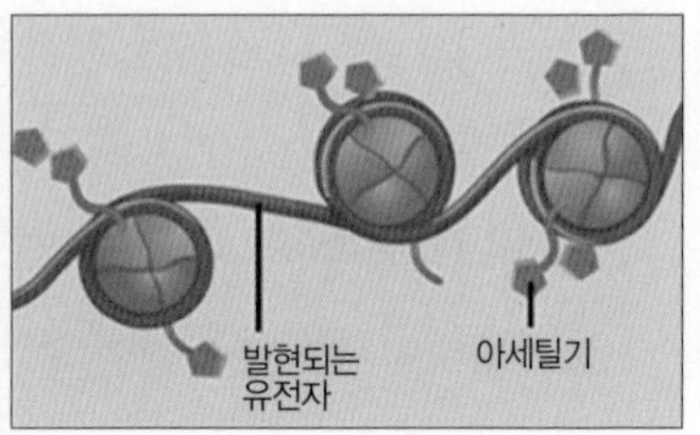

그림1 메틸기가 붙어 뭉치고(왼쪽), 아세틸기가 붙어 흩어진(오른쪽) 뉴클레오솜들.

복하면 습관이 되므로 도파민은 습관의 형성에도 관여하고 있다.

도파민과 중독

동기 부여, 학습, 습관의 형성은 중독성 물질에 대한 갈구, 반복, 습관화와도 관련이 깊다. 그래서인지 알코올, 니코틴, 카페인, 마약류 약물들은 모두 도파민 회로에 작용한다. 특히 코카인과 암페타민은 도파민 분비를 촉진하고, 분비된 도파민을 회수하는 과정을 방해해 신경세포에 작용하는 도파민 농도를 높인다.

마약성 약물들은 긴 시간(예: 1시간)에 걸쳐 서서히 올라갈 때보다는 짧은 시간(예: 10분 이내)에 흡수될 때 중독 위험이 커진다. 빠른 속도로 농도가 높아진 도파민은 이런 상황을 유발한 행동(중독성 물질의 섭취)이 다음에도 일어날 확률이 높아지도록 시냅스의 세기와 유전자 발현 패턴을 바꾼다. 코카인을 예로 들어보자. 유전 정보를 담고 있는 DNA 이중 나선은 핵 안에 아무렇게나 욱여넣어져 있지 않다. 그림1처럼 히스톤이라고 하는 단백질을 1.75 바퀴씩 감고 있는데, 히스톤과 히스톤을 감고 있는 DNA를 뉴클레오솜이라고 부른다. 세포 안쪽은 물이 많은 환경이기 때문에, 히스톤에 물을 싫어하는 성질을 가진 메틸기를 추가하면 뉴클레오솜끼리 뭉쳐서 물과의 접촉면을 줄인다. 이렇게 뉴클레오솜들이 뭉쳐 있으면 안쪽에 있는 유전자에 접근하기가 어려워져서, 안쪽 유전자들은 좀처럼 단백질로 발현되지 않는다(그림1 참고). 반면 히스톤에 물을 좋아하는 성질을 가진 아세틸기를 추가하면 뉴클레오솜들이 흩어져서, 이 근처의 유전자들이 발현되기가 쉬워진다(그림1 참고). 이렇게 히스톤에 메틸기나 아세틸기를 추가하는 과정은 유전자 발현을 조절하는 중요한 방법 가운데 하나다. 코카인은 측좌핵 등 몇몇 영역에서 유전자 발현 패턴을 조절하고 시냅스의 세기를 변화시켜서, 중독된 물질을 연상시키는 자극(예: 주사기)을 보았을 때 갈망이 일어나고, 중독된 물질을 섭취하려는 행동이 습관처럼 자동적으로 일어나게 만든다.

적응하는 뇌

뇌는 평생토록 변하는 기관이며 적응력이 대단히 탁월한 기관이다. 움직임을 시작하기 어려워지고 동작이 느려지는 질환인 파킨슨병을 예로 들어보자. 파킨슨병은 도파민 신경세포가 죽어갈 때 생긴다. 도파민 신경세포가 움직임을 일으키는 데 기여하기 때문에 도파민 신경세포가 없어지면 움직임을 시작하거나 빠르게 움직이기가 어려워지는 것이다. 놀랍게도 파킨슨 증상은 도파민 신경세포가 약 80퍼센트나 사라진 뒤에야 나타난다. 도파민 감소에 맞춰 신경계가 적응하기 때문에 도파민 세포의 절반 이상이 사라질 때까지도 증상이 좀처럼 드러나지 않는 것이다.

중독성 물질을 섭취해 도파민의 농도를 급격히 올린 경우에도 뇌는 탁월한 적응성을 발휘해 항상성을 회복하려고 애쓴다. 그 결과 내성과 금단증상이 생긴다. 나는 카페인 중독이어서 아침마다 커피를 마시지 않으면 머리가 아프고 멍하고 짜증이 난다. 금단증상이 나타나는 것이다. 한창 바쁠 때는 잠을 줄이려고 커피를 점점 더 많이 마시게 되는데, 그러다 보면 내성이 생겨서 아무리 마셔도 예전만큼 잠이 깨지 않고 피곤하기만 한 상황에 처하곤 했다. 이럴 때 갑자기 커피를 끊으려고 하면 금단증상 때문에 끊기가 어렵다. 조금씩 양을 줄이면서 뇌가 적응하게 하는 편이 훨씬 더 수월하다. 반 잔을 줄여서 일주일 정도 적응하고, 다시 반 잔을 줄여서 일주일 정도 적응하는 방식이다. 불편하다고 도중에 섭취량을 늘리지만 않는다면 이런 방식으로 비교적 쉽게 커피를 줄일 수 있었다.

얄팍한 의지와 다채로운 보상

담배도 끊기 어렵기로 악명 높지만 중독성 마약류는 정말 끊기 어렵다. 약물에 대한 충동을 자제하기가 힘들어지는 방향으로 신경회로의 구조가 변하기 때문이다. 그래서 다수의 뇌과학자들은 중독을 도덕적 해이가 아닌 뇌를 손상시키는 질병으로 간주한다. 실제로 약물 치료를 의지로 극복하려는 노력과 병행하면, 치료 효과가 더 높다는 연구 결과가 발표된 바 있다.

요즘에는 도박, 게임, 쇼핑, 만화, 폭식에 빠진 사람도 적지 않다. 이런 행동도 중독이라고 보는 학자들도 있으며, 실제로도 약물 중독과 유사한 양상을 보인다. 약물성 중독이든 비약물성 중독이든 스트레스에 시달리는 사람들이 중독에 빠지기 쉬운데, 한시적으로 중독에서 벗어났다가도 스트레스를 받으면 쉽게 재발한다는 점에서 특히 그렇다.

도파민은 보상을 추구하는 회로다. 보상이라고 하면 흔히 감각적인 쾌락만을 떠올리지만, 성취감, 희망, 이해받고 통하는 느낌, 자연과의 교감, 안전 등 많은 것이 삶에 동기를 부여하고 색채를 더하는 보상이 된다. 생명체는 자신에게 유익한 보상을 추구하며 진화해왔다. 심지어 어리석어 보이는 쥐조차, 달기만 하고 칼로리는 없는 사카린에는 설탕만큼 적극적으로 반응하지 않는다. 자기 의지로 할 수 있는 것을 조금씩 늘려가면서 기뻐할 수 있는 개인과 사회에서는 중독도 줄어들지 않을까.

중독은 도덕적인 해이일까, 질병일까

과학과 기술은 세상에 대한 이해를 바꿈으로써 사회를 바꾼다. 중독에 대한 과학도 그렇다. 미국에서는 10여 년 전부터 중독이 도덕적인 해이냐, 판단력과 의지력 상실을 일으키는 질병이냐, 질병이라면 치료법이 있느냐를 두고 논란이 일었다. 도덕적인 해이라면 감옥에 가둬야 하고, 치료법이 있는 질병이라면 강제로라도 치료를 집행하는 제도를 고려하게 된다. 반박하는 소수의 뇌과학자가 있기는 하지만, 상당수의 뇌과학자들이 중독은 질병이라는 견해를 지지하고 있다.

원래 앞선 글은 중독으로 고생하는 분의 편지를 읽고 쓴 것이다. 삶과 제도에 직접 영향을 줄 수 있는 중독과 같은 부분이야말로 과학자의 의견이 필요하지만, 그래서 더욱 학계 밖에서 말하기가 부담스럽고 조심스럽다. 내가 중독 전문가가 아닌 데다, 중독을 주제로 대중에게 말하는 뇌과학자가 적어서 내 주장이 전문가 전체의 입장인 양 오해될 위험이 있기 때문이다. 하지만 리뷰 논문 두어 개를 읽고 쉽게 설명하는 데 필요한 노력과, 여러 저자의 여러 논문을 읽고 균형감 있게 그 분야를 소개하는 데 필요한 노력 사이에는 한강만큼 넓고 깊은 강이 흐른다. 미국의 과학자 풀이 넓다는 것, 전 세계에 영어 사용자가 많다는 것이 이럴 때는 정말 부럽다.

미국과 유럽의 세금을 지원받은 연구의 다수가 공개로 바뀌고 있다는 점은 그나마 다행이다. 책 말미 「참고 자료」에 중독이 도덕적인 해이인지, 질병인지를 논의한 문헌 몇 개를 정리해두었다.

5. 동기 부여의 기술

↳ —

'동기'만큼 여러 사람을 안달하게 하는 것도 없다. 많은 사람이 수능, 다이어트, 승진과 같은 목표를 위해 스스로에게 동기를 부여하려고 한다. 또 자녀, 학생, 직원에게 동기를 부여하려고 한다. 하지만 동기란 흔히 생각하는 것보다 훨씬 미묘한 방식으로 작동한다. 나 자신이, 자녀가, 학생이, 직원이 내 의도대로 열심히 움직여주지 않는 것이 그 증거다. 동기란 도대체 어떻게 작동하는 걸까?

—

지나치게 큰 보상의 역효과

흔히들 금전적 보상은 하기 싫은 일도 하게 만드는 강력한 동인이라고 생각한다. 그래서 우수한 인재를 모아 일을 잘하게 만들고 싶을 때는 종종 인센티브를 높이는 방식을 취한다. 안타깝게도 적당한 인센티브가 효과적인 것과는 달리 지나치게 큰 인센티브는 역효과를 낸다고 한다. 지나치게 큰 보상이 압박감을 줘서인지 자원의 활용을 방해하기 때문이다.

실제로 지나치게 큰 인센티브의 역효과는 인지 능력이 요구되는 작업에서 두드러진다. 듀크대학교 경제학과의 댄 애리얼리Dan

Ariely 교수는 실험 참가자들에게 컴퓨터 자판을 누르는 것처럼 기계적인 업무와 간단한 수학 문제를 푸는 것처럼 인지 능력이 필요한 업무를 시켰다. 이때 같은 종류의 업무를 낮은 보상 수준과 대단히 큰 보상 수준에서 각각 한 번씩 수행하게 했다. 실험 결과 기계적인 업무에서는 높은 보상이 높은 성과로 이어지지만, 인지 능력이 필요한 업무에서는 지나치게 큰 보상이 성과를 낮춘다는 사실이 밝혀졌다. 지나치게 큰 보상은 압박을 줘서 오히려 방해가 되는 것이다. 중요한 시험에서 긴장한 나머지 평소만큼 실력을 발휘하지 못하는 이들이 많은 것도 이런 이유 때문이 아닐까? 이 연구는 어마어마한 규모의 인센티브보다는 적당한 규모의 잦은 보상이 훨씬 더 효과적일 수 있음을 암시한다.

포기의 지혜

동기에는 돈과 무관한 의미도 영향을 준다. 다른 실험에서 댄 애리얼리 교수는 실험 참가자들에게 레고와 설명서를 주고 조립하게 했다. 참가자가 조립을 마치면 2달러를 주고 한 번 더 하겠느냐고 의향을 물어보았다. 참가자가 응하면 다시 레고를 가져다주되, 두 번째 작업을 마쳤을 때는 11센트가 줄어든 1.89센트를 주었다. 이런 방식으로 보상을 11센트씩 줄여가면서 참가자가 그만두겠다고 할 때까지 실험을 계속했다. 받는 돈이 줄어들어도 조립을 계속 한 사람일수록 동기가 강한 사람이라고 볼 수 있다.

실험 참가자들은 무작위로 두 집단으로 나뉘었다. 집단 1에서는 참가자가 조립한 레고들을 그대로 둔 채 다음 레고를 가져다주었다. 반면 집단 2에서는 참가자가 조립을 하는 동안, 참가자가 이전에 만든 레고를 연구자가 참가자의 눈앞에서 해체했다. 어느 집단이 조립을 더 많이 했을까? 첫 번째 집단은 평균 10.6개를 조립했다. 반면에 애써 만든 성과물이 해체되는 것을 지켜본 두 번째 집단은 평균 7.2개밖에 만들지 못했다. 무의미한 일에 동기를 부여하기란 어렵기 때문일 것이다.

성과가 없는 상황에서 노력을 포기하는 것은 동물들도 마찬가지다. 예를 들어 물을 싫어하는 쥐를 물이 있는 통에 넣어두면 쥐는 처음에는 상황을 타개하기 위해 발버둥친다. 하지만 아무리 노력해도 해결책이 없음을 알게 된 뒤부터는 노력하기를 포기한다.

노력과 성취의 동기 부여 효과

그렇다면 노력해도 안 되는 상황에서는 저절로 동기가 부여될 때까지 기다리는 수밖에 없을까? 그렇지는 않은 모양이다. 노력하고 성취하는 것 자체에 동기를 부여하는 효과가 있기 때문이다.

애리얼리 교수는 실험 참가자들을 집단 1과 2로 나누었다. 집단 1의 참가자들에게는 종이로 학이나 개구리를 접을 기회가 주어졌다. 이들은 자기 작품에 대해 가격을 매기고, 이 가격이 컴퓨터가 무작위로 추출한 금액보다 크면, 금액을 지불하고 자기 작품을 가져갈 수 있었다. 참가자들은 자기 작품에 대해 평균 23센트의 가격을 책정했다. 반면 집단 2의 참가자들은 집단 1의 참가자들이 만든 작품의 가격만 책정할 수 있었다. 이들은 평균 5센트의 가격을 책정했다. 이 결과는 사람들은 자신이 노력을 들여 만든 성과물에 높은 가치를 부여한다는 사실을 보여준다.

애리얼리 교수는 종이접기 설명서의 일부분을 삭제해서 일부러 어렵게 만든 뒤 이 실험을 반복했다. 집단 1에 속하는 참가자들은 이전 실험의 집단 1보다 더 많은 노력을 기울여야 했고, 그 결과 포기하는 참가자들도 생겼다. 실험 결과, 노력을 더 많이 기울여야 했던 이번 실험의 집단 1은 이전 실험의 집단 1보다 자기 작품을 더 높이 평가했다. 단, 종이접기를 중간에 포기한 참가자들은 자기 작품의 가치를 대단히 낮게 평가했다. 이 결과는 노력을 많이 기울여 성취한 대상에는 애착을 가지지만, 아무리 노력했어도 중간에 포기한 대상은 하찮게 여긴다는 사실을 보여준다.

작은 성공의 위력

우울하다고 가만히 있으면 노력을 기울여 성취하는 대상도, 노력했기에 좋아하는 대상도 갈수록 줄어들게 된다. 세상에 내가 좋아하는 것이 적다면, 그런 세상을 열심히 살아보려는 동기가 부여되기도 어렵다. 이번에 소개된 연구들은, 노력해도 소용없거나 너무 쉬운 일보다는 적당한 도전이 필요한 일들, 끝까지 완수해낼 수 있는 일을 자주 시도하는 것이 바람직함을 알려준다. 또 어렵고 큰 일을 중간 난이도의 작은 일로 나누어서, 좋아하는 대상을 늘려가는 것이 동기 부여에 효과적임을 암시한다. 인상적인 한 방보다는 작지만 빈번한 성공에 인생을 바꾸는 위력이 있는 것이다.

6. 세상을 경험하는 오늘만의 방식

ㄴ —

중학교 때 담임 선생님은 "너희 나이 대의 에너지는 평생 되돌아오지 않으니 귀하게 써라"라고 하셨다. 어째선지 그 말씀이 인상 깊어서, 그때로 돌아가도 다시 그렇게 살 자신이 없을 만큼 청소년기를 열심히 살았다. 그 시절의 에너지는 과연 되돌아오지 않았다. 생각을 바꾸기보다는 일단 부딪혀보는 게 좋았던 강렬한 시절이 인생에 한 번쯤 있다는 건 재미있고 고마운 일이지만, 그렇게 삽질하는 시기는 다행히(?!) 되돌아오지 않았다.

—

선비들이 어렸을 때 쓴 한시를 모은 『한시 이야기』라는 책이 있다. 아이들이 쓴 시조라 재치 있고 귀여운 맛이 있었고, 시조가 지어진 배경에 대한 이야기도 재미있었다. 읽으면서 몇 가지 사실에 놀랐다. 먼저 조선 시대에도 조기 교육을 시켰다는 사실에 놀랐고, 초등학교 저학년 나이의 아이들도 제법 의젓할 수 있음에 놀랐다. 또 아이가 제 나이보다 지나치게 원숙한 생각을 하면, 영재라고 좋아하기보다는 단명할 것을 걱정했다는 점도 놀라웠다. 저마다 자기 나이에 맞는 시각과 경험이 있고, 그것이 소중하다고 존중했던 셈이다.

나이에 따른 뇌 발달

실제로 나이에 따라 뇌 발달의 내용과 특성이 다르다. 신경세포에서는 축삭돌기를 따라 전기 신호가 세포체에서 축삭돌기 말단까지 이동한다(그림1의 왼쪽). 이 전기 신호가 축삭돌기 말단에 도달하면, 신경세포가 다음 신경세포와 연접해 신호를 주고받는 부분(시냅스)에서 신경조절물질이 분비돼 다음 신경세포로 신호를 전달한다.

전선의 피복이 전기 신호 전달을 도와주는 것처럼, 축삭돌기에도 피복 역할을 해주는 물질이 있으면 전기 신호가 잘 전달된다. 축삭돌기에서는 지방질로 구성된 수초(그림1의 왼쪽, '말이집'이라고도 부른다)가 이런 역할을 한다. 모든 축삭돌기가 수초를 가진 것은 아니고, 축삭돌기가 길다면 수초에 감싸인 경우가 많다. 이 수초가 하얗기 때문에, 뇌의 한 부위에서 다른 부위로 길게 뻗는 축삭돌기가 모인 부분은 하얗게 보이고, 세포체가 많은 부위는 회색으로 보인다. 그래서 축삭돌기가 모인 부분을 백색질, 세포체가 많은 부위를 회색질이라고 부른다(그림1의 오른쪽).

생후 1년이 될 때까지는 회색질의 부피가 108~149퍼센트까지 증가하는 반면, 백색질의 부피는 11퍼센트만 늘어난다. 생후 1년에서 2년이 될 때까지는 회색질의 부피가 14~19퍼센트 늘어나

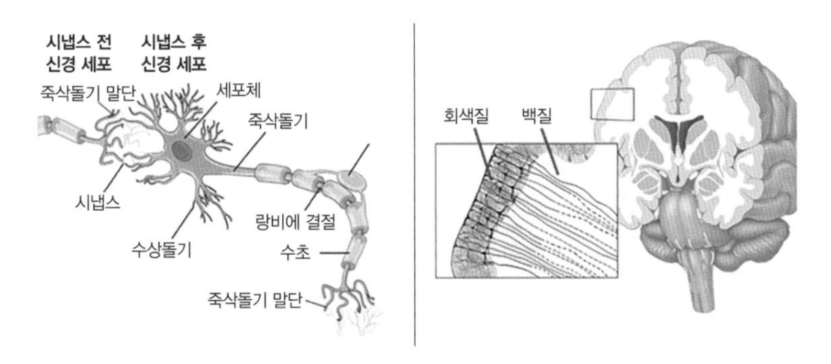

그림1 왼쪽: 신경세포의 구조. 오른쪽: 백질과 회색질

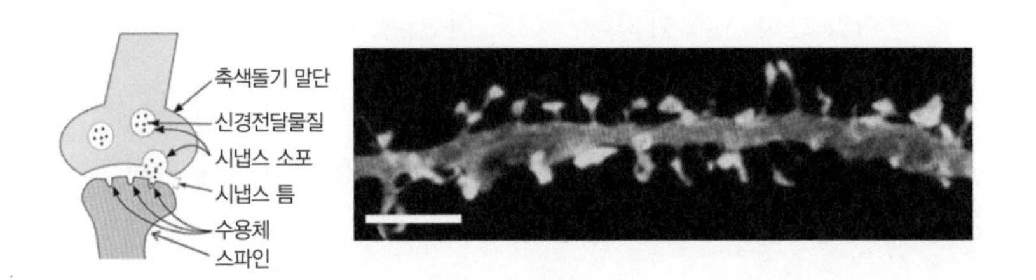

그림2 왼쪽: 시냅스의 구조. 오른쪽: 수상돌기에 난 스파인(노란 부분)

고, 백질의 부피가 19퍼센트 증가한다. 생후 2년이 지난 시점부터는 회색질은 크게 늘어지 않으며, 청소년기부터는 오히려 부피가 줄어든다. 신경세포의 수상돌기(그림2)에는 스파인spine이라고 하는 부위가 있는데, 사용하지 않는 스파인을 가지치는 과정이 청소년기에 활발하게 일어나기 때문이다.

반면 긴 축삭돌기를 수초로 감싸는 과정(수초화)이 꾸준히 일어나면서, 백색질의 부피는 만 30세 무렵까지 꾸준히 증가한다. 특히 청소년기에는 자신과 타인의 성격 특성에 비추어 타인의 마음을 유추하기, 감정과 사회적 기억 통합하기, 사회적인 상황 이해하기처럼 사회성에 관련된 뇌 부위에서 스파인 가지치기와 수초화 과정이 두드러지게 일어난다. 이런 과정을 거쳐 청소년기에는 사회성이 발달한다.

부피만 변하는 게 아니라 구성도 변한다. 흥분성 시냅스인 글루타메이트 시냅스의 밀도는 만 5세 무렵에 최고로 높았다가 만 15세까지는 서서히 감소해 이후로는 일정한 밀도로 유지된다. 반면 억제성 신경세포들은 만 10세 이전까지는 낮다가 만 10~18세 사이에 크게 늘어난 뒤 일정한 수치로 안정된다. 중뇌에서 전전두엽으로 도파민을 보내는 회로는 만 25세 이후까지 꾸준히 증가한다.

뇌 발달에 따른 질병

이처럼 연령대마다 뇌 발달 특색이 다르기 때문에 신경정신 질환의 발생 시기도 뇌 발달 시기와 얽혀 있는 경우가 많다. 흥분성 시냅스의 밀도가 높고, 억제성 신경세포가 많은 아동기에는 지나치게 많은 신경세포가 동시에 활성화되면서 발작이 일어날 확률이 다른 연령대에 비해 높다. 어떤 뇌 발달 특성과 관계된 것인지는 분명하지 않으나, 주의력 결핍 과잉 행동 장애ADHD는 주로 아동기에 나타나며 자라다가 성인기에 접어들면서 대체로 사라진다.

청소년기에는 사회적인 배척과 보상, 감정에 민감해지며 사회성과 감정에 대한 뇌 부위의 발달이 두드러진다. 이러한 특성은 사회성을 발달시키기에 유용하지만, 청소년들을 정서적으로 불안하게 만들기도 쉽다. 그래서인지 사회 불안 장애의 90퍼센트가 만 23세 이전에 발병한다.

전전두엽 도파민의 이상과 관련된다고 여겨지는 조현병은 대개 20세 전후에 시작된다. 전전두엽은 만 40세까지도 발달한다고 하는데, 만 40세를 넘어서 시작되는 조현병은 비교적 드물다고 한다.

뇌 발달 시기와 발병 시기가 맞물린 질병이 적지 않은 것을 보면, 성장이 만만찮은 과업임을 알 수 있다. 노화도 마찬가지다. 나이가 들면서 신체가 변하면, 신체 변화에 적응하면서 뇌도 변해간다. 이에 따라 걸릴 위험이 높아지는 질병의 종류도 뇌졸중, 알츠하이머병, 파킨슨병 등으로 변해간다.

세상을 경험하는 그 순간만의 방식

뇌가 평생토록 변해가기에 우리는 우리가 아기였을 때, 아이였을 때, 청소년이었을 때, 청년이었을 때 세상을 경험하던 방식으로는 다시는 세상을 볼 수 없다. 내가 지금 세상을 보고 경험하는 방식도 몇 년이 지나면 바뀔 것이다. 연령대별로 그 나이에만 주어지는 독특한 시각과 기회가 있는 셈이다. 이런 의미에서 보면 지금present은, 지금에만 받을 수 있는 선물present이다.

세상을 보고 경험하는 새로운 시각에 익숙해지면, 내가 이전에 어떤 눈으로 세상을 경험했는지 잊어버리기 쉽다. 그러면 나보다 어린 세대의 사람들을 이해하기도 어렵고, 과거의 나를 이해하기도 어렵다. 우리는 종종 "지금 아는 것을 그때도 알았더라면"이라고 후회하지만 아마도 과거의 당신은, 그때 당신의 자리에서 할 수 있는 최선을 다했을 것이다.

뇌는 평생 변해가기에 세상을 경험하는 방식은 지금까지처럼 앞으로도 계속 변해갈 것이다. 10년 뒤에는 지금과는 어딘지 다른 음악을 듣고, 어딘지 다른 TV 프로그램을 보고, 친구들과 모였을 때도 어딘지 다른 소재를 이야기하며 변해갈 것이다. 지금의 내 시각에는 장래의 내가 걱정스러울 수 있지만, 장래의 나는 장래의 내 시각에 따라 그럭저럭 잘 살아갈지도 모른다.

7. 판단에는 얼마나 많은 정보가 필요할까

↳ —

흔히 인간을 이성적인 존재라고 생각한다. 어떤 사람이 판단을 내렸다면, 그 사람은 자신의 입장과 가치관, 주어진 정보를 활용해서 나름의 논리에 따라 행동했고 자기가 어떤 판단을 내렸는지 온전히 알 것이라고 생각한다. 이런 믿음 때문에 타인을 설득할 때면 가능하면 많은 정보를 제공하려고 애쓰기도 한다. 하지만 정말 그럴까?

—

사람들은 의사결정을 내릴 때 주어진 정보를 모두 사용하지 않는다. 자신의 입장과 흥미에 부합하는 부분만 취사·선택해서 기억하거나, 글 전체의 이미지에만 근거해서 판단을 내리곤 한다. 그럼에도 자신과 다른 사람들이 그렇게 한다는 사실을 알지 못한다. 최근의 한 연구는 사람들이 생각보다 훨씬 더 적은 정보에 근거해서 판단을 내린다는 사실을 보여준다.

총 일곱 개의 실험으로 구성된 이 연구에서는 실험 참가자들을 경험집단과 예측집단으로 임의로 나누었다. 경험집단은 실제로 정보를 하나씩 넘겨보면서 의사를 결정했다. 예측집단의 사람들은 경험집단의 사람들이 어떤 정보를 경험할지 훑어본 뒤, 경험집단의 사람들이 얼마나 많은 정보를 경험한 뒤에 결정을 내릴지 예측하게 했다. 경험집단이 실험을 얼른 끝내고 가버리려고 정보를 조금만 보고도 성급한 결정을 내리지 않도록, 실험자들은 경험집단이 의사결정을 내린 뒤에도 남은 정보를 다 보게 하는 등 통제 조치를 취했다.

첫 번째 실험에서는, 특정 스타일의 미술 작품을 보여주면서 이 스타일이 좋은지 싫은지 평가하게 했다. 예측집단의 사람들은 평균적으로 16개의 그림을 본 뒤에야, 이 스타일이 좋은지 싫은지 결정할 수 있을 것이라고 예상했지만, 경험집단의 사람들은 평균적으로 3.48개의 그림만 보고도 좋거나 싫다는 판단을 내렸다.

사람을 평가하는 것 같은 좀 더 복합적이고, 일상적으로 의미 있는 결정에 대해서도 마찬가지의 결과가 나올까? 세 번째 실험에서 연구자들은, ① 각 숙제에 대한 평가 점수에 근거해서 이 학생의 능력이 좋은지 나쁜지, ② 다른 사람을 대하는 태도에 근거해서 이 이웃의 성격이 좋은지 나쁜지, ③ 경기별 실적에 근거해서 어떤 운동선수의 실력이 좋은지 나쁜지, ④ 어떤 사람의 매일매일

기분에 근거해서 이 사람이 행복한지 불행한지, ⑤ 매회 도박의 결과에 따라 이 도박꾼의 운이 좋은지 나쁜지를 평가하게 했다.

단, 변동폭이 끼치는 영향을 줄이고 실험을 단순화하기 위해서 같은 정보만 제시되었다. 예컨대 첫 번째 정보에서 어느 학생의 첫 번째 숙제 점수가 '우수'였다면, 다음 번에 제시되는 정보에서도, 그 다음다음 번에 제시되는 정보에서도, 이 학생의 숙제 점수는 '우수'였다. 이 경우 예측집단은 5.25번의 정보가 필요하다고 예측한 데 반해서, 경험집단은 3.46회 만에 판단을 내려버렸다.

단순화된 가상의 상황이 아니라, 결혼 상대를 정하는 것처럼 훨씬 더 현실적이고 중요한 결정이라면 어떨까? 네 번째 실험에서 연구자들은 기혼자와 미혼자들을 모았다. 기혼자들에게는 지금의 배우자를 만난 지 얼마 만에 이 사람과 결혼해야겠다고 결심했는지를 물었고, 미혼자들에게는 누군가를 만난 뒤 결혼하겠다는 결심을 내리기까지 얼마나 시간이 걸릴지를 물었다. 이 실험에서는 기혼자들이 경험집단, 미혼자들이 예측집단인 셈이다.

설문 결과 적어도 1년 이상이 필요하다고 응답한 기혼자는 약 18퍼센트였던 반면, 미혼자는 그 두 배가 넘는 39퍼센트가 적어도 1년 이상이 필요하다고 보았다. 1년까지는 걸리지 않을 것이라는 응답만 추려보면, 기혼자들은 평균 173일이라고 응답한 반면, 미혼자들은 평균적으로 211일이 필요하다고 예상했다. 나이, 인종, 성별을 고려하더라도 이 차이는 통계적으로 유의미했다.

적은 정보만으로도 결혼할 사람들은 이미 기혼자가 되었고, 많이 따져보는 사람일수록 아직 결혼하지 않았을 가능성을 배제할 수 없으므로, 이 실험은 인과관계를 보여주지는 않는다. 하지만 실제로 필요한 정보보다 더 많은 정보가 결정에 필요하다고 예상하는 경향은 결혼처럼 중요한 결정에서도 반복된다는 점을 보여준다.

일곱 번째 실험은 취업 지원에 관한 것이었다. 흔히 지원자들은 자신에 대해 조금이라도 더 많은 정보를 보여주려고 애쓰는 반면, 다수의 지원자를 심사하는 심사자들은 지원서를 빠르게 훑어보게 된다. 이 실험에서 연구자들은 경영대학원MBA 과정에 다니는 학생들에게 경영직에 지원하기 위한 에세이를 써보게 했다. 학생들은 심사자들이 자신을 평가하기 위해서 몇 개나 되는 에세이가 필요할지 예측하고 예측한 숫자에 맞게 에세이를 작성했다. 그리고 경영직 지원자들을 심사하는 경험을 가진 전문 심사자들이 심사에 필요한 만큼 에세이를 읽고 평가했다. 이 실험에서는 지원하는 학생들이 예측집단, 심사자들이 경험집단이었던 셈이다.

실험 결과 지원자들은 평균 3.81개의 에세이를 준비했지만, 심사자들은 평균적으로 2.09개의 에세이만을 읽었다. 이 결과는 많은 정보를 제시하는 것보다는 심사자들이 눈여겨보는 소수의 정보를 잘 제시하는 것이 더 효과적일 수 있음을 암시한다.

소개된 연구를 보고 "사람들은 적은 정보에 근거해서 성급한 판단을 내린다"라고 결론짓는 것은 지나치다. 이 연구에는 현실에서의 온갖 변화와 다양성, 정보의 진위 여부에 관한 문제, 의사 결정의 막중함(예: 노후를 위한 투자 계획, 범죄에 따른 형량 결정) 등이 포함되지 않았기 때문이다. 받아들이고 싶지 않은 정보를 평가절하 하거나 무시하는 것의 위험도 포함되지 않았다.

또 논리적으로는 의사 결정과 상관이 없으나 실제로는 영향을 미치는 요인들이 고려되지 않았다. 대학 입시처럼 중요한 일에 대해서도 사람들의 결정은 주어진 정보와 논리적으로 별 상관이 없는 요인들의 영향을 받는다. 연구에 따르면(우리나라가 아닌 미국에서 이뤄진 연구이기는 하지만) 학생들이 어떤 대학을 선택할지는 대학에 사전 방문한 날이 흐리고 맑은 정도에 영향을 받았다고 한다. 심지어 논리적이고 냉철한 분석을 하도록 훈련된 전문적인 주식 투자자들의 주식 거래조차 날씨의 영향을 받는다.

하지만 이 연구 결과를 일상에 조심스럽게 적용하면서 실험해볼 수는 있을 것 같다. 예컨대 내가 내린 결정이, 추가 정보를 통해 바뀔 수 있을지 한 번 더 되짚어볼 수 있다. 중요한 결정일 경우, 반대되는 입장이나 다른 출처의 정보를 참고함으로써 한 번 더 점검해봐도 좋을 것이다. 또 타인을 설득할 때, 상대가 원하지도 않는 정보를 과도하게 제공하면서 감정적·무의식적 영향을 끼치는 다른 요인들은 간과하고 있지는 않은지 되짚어볼 수 있다. 만일 설득에 성공하지 못했다면 정보를 제공하는 방식을 바꿔볼 수도 있을 것이다.

연구는 증거를 누적해가는 집단적인 과정이기 때문에 하나의 연구 결과만 가지고 이렇다거나 저렇다는 결론을 내기는 어렵다. 온갖 요소가 부딪히며 변해가는 마음과 인간에 대한 연구라면 더 그렇다. 그렇다고 해서 100퍼센트 확실한 결론이 내려질 때까지 이런 성과들이 쓸모가 없는 것은 아니다. 100퍼센트 확실한 결론이 날 때까지 삶을 미룰 수는 없기 때문이다. 더 나은 삶을 위해 이런저런 실험을 해볼 때 참고할 임시 지표로만 활용해도 이런 임시 지표조차 없는 것보다는 훨씬 낫다.

뇌과학자의 시선으로 본 세상

'장님 코끼리 만진다'라는 말이 있다만, 복잡한 현대 사회는 자기 분야만 아는 장님들이 코끼리를 함께 타고 가는 것과 비슷하다.
이 장에서는 코끼리 왼쪽 귀 끄트머리의 털 한 자락만 아는 어느 뇌과학자의 시선을 담았다.
'이래야 한다'라는 당위에 대한 생각은 사람마다 다르며, 완전무결한 당위란 존재하지 않는다.
당위보다는 호모 사피엔스에 대한 이해에 근거한 인간적인 사회가 되어가기를 바란다.

1. 나의 뇌가 보는 세상과 너의 뇌가 보는 세상

↳ —

엄마가 빨래를 하면 아빠는 빨래를 널고 개셨는데, 그러다가 두 분이 다투시곤 했다. 오래된 건조대의 표면이 조금 벗겨져서 안쪽의 금속이 노출됐는데, 아빠는 새로 산 건조대보다 이 건조대를 선호하셨다. 봉의 개수가 많아서 빨래를 가지런하게 널기가 좋다는 이유에서였다. 반면에 옷을 깨끗하게 하는 역할을 맡은 엄마는 빨래에 금속의 녹이 묻을까 봐 이 건조대를 싫어하셨다. 건조대의 녹이 진짜로 빨래에 묻은 적은 없으므로 반복되는 엄마의 걱정은 지나친 감이 있기는 했다. 어쨌거나 나는 이 장면을 보면서 사람마다 세상의 각 부분에 다른 가중치를 매긴다는 사실, 상대방과 내가 가중치를 다르게 매긴다는 것을 인지하기가 어렵다는 사실을 알 수 있었다.

이 정도 다툼이야 귀엽지만, 이런 상황이 사회에서 벌어지면 소모적인 갈등이 지속된다. 내가 어리석거나 악하다고 여기는 사람도 자기 나름대로는 현명하고 바르다고 믿고 있을 것이기 때문이다. 그의 세계를 이해하지 못하면 설득이건, 공격이건, 비웃음이건, 나의 노력은 그의 세계에 닿기도 전에 스러질 것이다.

—

그림1 사람마다 다른 색깔로 인식되는 원피스

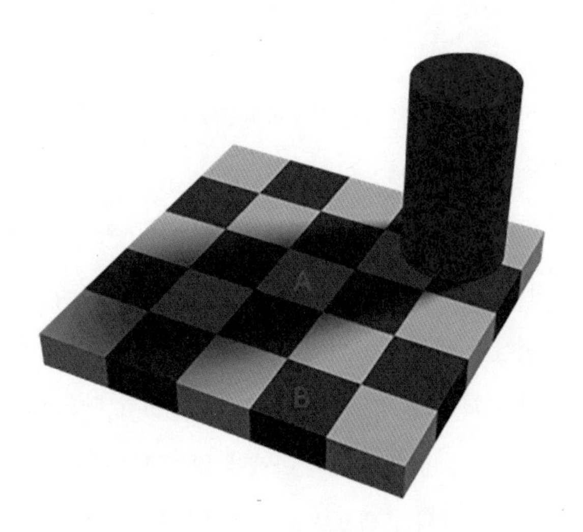

그림2 이 그림에서 A와 B는 같은 색깔이다.

그림1의 원피스는 무슨 색으로 보이는가? 파란색과 검은색? 흰색과 금색? 파란색과 갈색? 놀랍게도 사람에 따라 원피스가 다른 색으로 보인다고 한다. 파란색과 검은색이라고 인식하는 사람이 가장 많고, 흰색과 금색으로 인식하는 사람이 그다음으로 많으며, 갈색과 파란색으로 인식하는 이들도 있다고 한다. 실제로는 파란색과 검은색 원피스였다. 색깔은 가장 기본적인 인식 내용의 하나다. 그런데 그 기본적인 색깔조차 사람마다 다르게 보는 것이다. 왜 이런 일이 발생할까? 뇌는 세상을 있는 그대로 보는 것이 아니라 과거의 경험을 투영해서 보기 때문이다.

뇌는 경험을 통해 같은 색도 조명에 따라 달리 보인다는 사실을 알고 있다. 그래서 경험을 투영해서 색채를 인식한다. 예컨대 그림2의 A와 B는 같은 색이지만 A가 더 밝게 보인다. A는 그림자 속에 있고, B는 밝은 빛 아래 있다는 정보에 맞추어 뇌가 색깔을 다르게 인식했기 때문이다(아무리 봐도 A와 B가 같은 색임이 믿기지 않는다면, 두 손으로 A와 B 양쪽을 가려보시라. A는 그림자 속에, B는 빛 속에 있음을 암시하는 주변 정보들이 가려지면서, A와 B가 같은 색으로 보일 것이다).

비슷한 현상이 원피스 사진을 볼 때도 일어난다. 이 경우에는 사람에 따라 원피스가 어떤 빛깔의 조명을 받고 있다고 추론하는지가 다를 수 있다. 밝은 태양빛 아래에 있다고 생각하는 사람에게는 원피스가 흰색과 금색으로 보인다. 백열등처럼 노란 조명 아래에 있다고 생각하는 사람에게는 원피스가 파란색과 검은색으로 보인다.

사람마다 조명을 다르게 추정하는 것은 각자의 경험이 다르기 때문이다. 살면서 경험한 일들 때문에, 혹은 덕분에, 나는 세상을 지금 인식하는 방식대로 인식하고 있다. 그렇게 오늘 나의 경험이 내일 나의 인식을 바꿀 것이다. 실제로 이 사진을 처음 보는지, 본 적이 있는지에 따라 색깔 인식이 달라진다고 한다. 이 사진을 몇 번 보았던 사람은 처음 보는 사람에 비해서 흰색과 금색이라고 판단할 확률이 높다. 또 나이가 많을수록 흰색과 금색으로 인식하는 경향이 있다. 같은 사진이 경험에 따라 달리 보이는 것이다.

이처럼 사람들은 실제의 세계가 아닌, 경험을 투영해서 인식한 세계를 살아간다. 각자의 경험이 고유하기에, 온 인생에 걸쳐 빚어지는 뇌도, 그 뇌가 비춰주는 세계도 고유하다. 75억의 인구가 지구에 있다면, 그들 각자는 75억 개의 서로 다른 세계에서 살고 있는 셈이다.

너의 세계와 나의 세계

가장 기본적인 인식인 색깔조차 사람마다 다르다면 도덕, 상식, 정치처럼 추상적인 개념에 대한 인식이야 오죽할까. 네가 보는 세상과 내가 보는 세상이 다르지만, 우리는 같은 물리적 공간에서 생활하고 있다. 그래서 세상에 대한 너의 인식은 나의 삶에 영향을 준다. 나의 세상을 지키기 위해 너의 세상을 바꾸고 싶은 상황들이 생기는 것이다.

그런데 내가 나와 다른 견해를 가진 정당의 주장에 설득되는 일이 거의 없듯이, 내가 나와 다른 정치적 견해를 가진 사람을 설득하는 데 성공하는 일도 거의 없다. 우리는 논리적이고 합리적이면 대화가 '통해야 한다'라고 믿지만 현실에서는 그렇지 않은 것이다. 이는 논리의 대전제인 세상에 대한 인식이 사람마다 다르기 때문이다.

논리의 결정체라고도 볼 수 있는 수학을 생각해볼까? 우리는 삼각형의 세 각의 합이 180도라고 배웠다. 논리적으로 깔끔하게 유도할 수 있는 결론이다. 하지만 이 결론은 평면을 전제로 하는 유클리드 기하학에서나 통용된다. 곡면을 전제로 하는 비유클리드 기하학에서는 삼각형의 세 각의 합은 180도가 아니다. 지구본 위에 정삼각형을 그리는 경우를 상상해보자. 삼각형의 세 각의 합은 180도를 초과한다. 반대로 말안장처럼 움푹 파인 면에 삼각형을 그리면 세 각의 합은 180도에 못 미친다. 아무리 논리적이어도 논리가 적용되는 세상이 다르면 다른 결론이 나오는 것이다.

이래서 나의 세상에서 논리적인 결론은 상대방의 세상에서는 논리적이지 않을 수 있다. 이러면 신랄한 논리로 상대를 이기더라도, 상대는 언변이 부족해서 밀린다고 여길 뿐, 의견은 바꾸지는 않는다. 기껏 이기고도 내 편으로 만들지 못하는 것이다.

설득의 기술

너의 세상을 이해한 뒤에야, 너에게 논리적으로 들릴 이야기로 설득할 수 있다. 아마도 이것이 경청과 공감이 최고의 설득 기술이라고 하는 이유일 것이다. 또 다른 관점에 공감하게 해주는 예술이 정연한 논리보다 설득력 있을 때가 많은 이유일 것이다. 그래서 원론적이고 식상하지만 경청과 공감이야말로 설득의 정석이다. 이 정석을 따르려면 노력이 필요하기 때문에 누군가는 힘으로 누르고, 누군가는 사람들의 인식을 바꿀 만한 사실이 공개되지 않도록 은폐했으며, 또 누군가는 블랙리스트를 만들었을 것이다.

세상에 대한 타인들의 인식에 공감한다는 것이 어떤 인식이든 옳다는 뜻은 아니다. 모든 사람이 태양이 지구 주변을 돈다고 믿을 때도, 지구는 태양 주변을 돌았다. 기후변화를 믿고 싶지 않아도 기상 이변은 더 심해지고 더 잦아든다. 자연법칙에 따라 일어날 일은 일어난다. 그러니 내 인식이 정말로 옳고 중요하다고 믿을수록 공감하고 설득하는 방법을 진지하게 고민해야 한다.

2. 불완전한 뇌가 꿈꾸는 완벽한 도덕

ㄴ —

나는 아무리 존경하는 사람에게서도 완벽함을 기대한 적이 없다. 호모사피엔스가 완벽하기는 애당초 불가능하기 때문이다. 무엇보다 누군가가 완벽한지 판단하려면 완벽함에 대한 나의 기준이 완벽해야 하는데, 호모사피엔스인 내가 생각해낸 기준이 완벽할 수 있을까?

도덕적 올바름을 두고 벌어지는 사회 갈등들은 이공계인인 내가 보기에는 의아할 때가 많다. 상대가 반듯한 사람일수록 엄격한 기준을 요구하는, 얼핏 보기에 부도덕한 세상을 만드는 데 도덕이라는 개념이 활용되기 때문이다. 이공학에서는 '상상의 산물(여기서는 도덕)에 근거한 주장'처럼 가정에 근거한 가정을 두고 다투기보다는 정확한 측정을 중시한다. 그래서 결과를 측정해보고 원치 않은 결과가 나오면 처치를 바꾼다. 애당초 불가능한 도덕적 무결함을 추구하기보다는, 결과를 측정하고 기록하며 효과적인 방법을 실험해가야 하지 않을까?

—

서비스나 물건을 사는데 현금을 내면 카드보다 싸게 해주겠다고 한다. 탈세가 의심되는데 우선 현금을 내고 귀찮아도 국세청에 신고할까? 아니면 손해 보더라도 카드를 내? 그냥 눈 딱 감고 현금 내고 말까? 어떤 기업의 악행에 대한 뉴스를 보고 노발대발한 직후였다. 마트에 갔는데 아까 욕하던 회사의 제품이 다른 제품들보다 싸다. 이 회사 제품을 살까, 말까?

도덕적 갈등은 일상에서 흔하게 일어난다. 웬만큼 꼿꼿하지 않고서야 이처럼 작은 일에서조차 도덕적인 신념을 지키기가 쉽지 않다. 관행과 규정이 다를 때가 많기에 도덕을 지키기란 더욱 어렵다. 규정을 고수하려 하면 융통성 없고 능력 없다는 비난을 듣기 일쑤다. 뜻하지 않게 주변인들에게 손해와 불편을 끼치게 되는, 일견 비도덕적인 결과로 이어지기도 한다. 남들보다 한 치 더 반듯하게 살기도 이렇게 어렵다.

도덕 알약

그럼에도 우리는 막연하게나마 도덕적인 사회를 꿈꾼다. 악덕 건물주가 도덕적인 사람이 되고, 갑질 상사와 거래처도 도덕적으로 바뀌고, 범죄와 부정부패를 일삼던 이들도 도덕을 지킨다면 얼마나 살기 좋을까? 포화 상태에 이른 수감 시설 때문에 속앓이를 하는 미국에서는, 사람들의 도덕성을 높이려는 연구가 실제로 이뤄져왔다. 예컨대 출산 시에 자궁 수축을 유도하는 호르몬인 옥시토신은 남녀 모두에게서 평상시에도 분비되며 사람들 간의 협력과 신뢰를 촉진한다. 옥시토신 수치가 높아지면 타인을 보다 너그럽고 후하게 대하게 되며, 타인의 표정에 나타난 감정도 잘 알아맞힌다고 한다. 그래서 범죄자들에게 옥시토신을 투여하여 도덕성을 높이자는 의견이 제시된 바 있다.

도덕적인 사회를 지향하는 것은 좋으나 그 방법이 도덕적인지는 의문이다. 마음에 영향을 주는 약물을 강제 투여하는 방식은 신체에 대한 결정권을 침해하기 때문이다. 또 도덕성을 함양하기보다는, '도덕적'이라고 추정되는 특정한 방식을 따르도록 마음을 조작한다. 이런 방법은 부작용을 초래할 수 있다. 특정한 맥락이나 측면에서 '도덕적'인 행동 방식은 다른 맥락이나 측면에서는 부도덕할 수 있기 때문이다. 실제로 옥시토신에는 부작용이 있었다. 내가 소속된 집단에 대한 유대감과 충성도를 높이는 대신 다른 집단에 대한 공격성과 배타성을 키웠기 때문이다. 옥시토신을 투여하면 내 집단의 이익을 위해 거짓말을 하는 경우도 늘어났다.

1962년에 나온 〈시계태엽 오렌지〉라는 영화는 모든 상황의 모든 측면에서 '도덕적'인 행동 양식이란 존재하지 않음을 잘 보여준다. 영화 속에서 온갖 범죄를 저지르고 수감 중이던 알렉스는 범죄에 대한 혐오를 느끼게 하는 교화 프로그램에 참여했다. 약물과 충격 요법이 동원된 교화 프로그램은 알렉스가 온건하고 올바르게 행동하도록 만들었다. 하지만 올바르고 온건한 대응'만' 할 수 있었기 때문에, 폭력으로부터 자신을 지킬 수도 없게 되었다.

뇌 속의 도덕

도덕성은 원칙과 이성의 영역이라고 여겨지지만 도덕적 판단에는 감정이 크게 작용한다. 정리해고와도 비슷한 측면이 있는 다음 딜레마를 생각해보자.

다리 위에서 전차가 다섯 명의 철도 인부를 향해 질주하는 모습을 보았다. 내 옆에 있는 덩치 큰 행인을 밀어서 기차에 부딪히게 하면 인부 다섯 명을 구할 수 있는 상황이다. 당신이라면 행인을 밀 수 있겠는가.

다수를 구하기 위해 행인을 밀어서 죽이는 행동이 합리적이기는 하다. 하지만 이런 사람이 도덕적인지, 이런 동료를 원하는지 물으면 대답하기 망설여진다. 실제로 대부분의 사람들은 행인을 밀지 않겠다고 응답한다고 한다. 누군가를 밀어서 죽이는 행위에 강한 거부감을 느끼기 때문이다. 이 거부감은 감정 반응에서 핵심적인 뇌 부위인 편도체에서, 의사 결정에 중요한 뇌 부위인 복내측 전전두엽vmPFC으로 전해져 의사 결정에 반영된다. 그래서 복내측 전전두엽이 손상된 환자들은 다수를 구하기 위해 행인을 미는 선택을 비교적 쉽게 한다고 한다.

감정이 도덕적 판단에 영향을 주기 때문에, 감정 특성이 다른 사람들끼리는 도덕 기준도 다른 경향이 있다. 예컨대 역겨움을 심하게 느끼는 사람일수록 내 집단에 충성하고, 권위를 존중하며, 전통과 순수를 지향하는 경향을 보인다. 보수적인 태도는 다른 집단과 인종을 배척하고, 개인의 자유와 소수의 인권을 억압하는 단점이 있다. 하지만 『바른 마음』을 저술한 조너선 하이트Jonathan Haidt에 따르면, 보수적인 태도도 대규모 사회를 유지하는 데 필요하다고 한다. 부적절한 개인 행동을 처벌하지 않고서는 공익을 추구하기가 어렵기 때문이다.

이처럼 모든 상황에 통용되는 만능 도덕 기준은 없다. 서로 다른 도덕 가치들은 수시로 상충한다. 정상과 상식에 대한 기준이 사람마다 다르듯이, 도덕에 대한 기준도 사람마다 다르다. 사람들은 고결한 가치인 도덕이 순수하고 이상적일 것이라 기대하지만, 그런 도덕은 존재하지 않는 것이다.

불완전해도 소중한 노력

기대가 커서 실망도 큰 걸까. 사람들은 도덕적이라고 여겼던 이에게서 잘못된 행동을 발견하면, 나쁜 사람이 극악한 행동을 했을 때보다 냉혹하게 대응하곤 한다. 착한 사람이 어떻게 그럴 수 있느냐며 기대를 배반한 것에 분노한다. 흉포한 사람 앞에서는 침묵하던 이들이, 덜 나쁜 사람에게는 마음 놓고 돌을 던지기도 한다.

물론 잘못한 건 잘못한 거다. 법은 평등해야 한다. 하지만 비현실적으로 높은 도덕 기준을 세워두고, 그 기준에 미달하면 이 사람이든 저 사람이든 다를 게 없다는 식의 흑백논리는 위험하다. 인간은 누구나 불완전할 수밖에 없는데도 조금이나마 더 바르게 살아보려는 일체의 노력을 불완전하다는 이유로 폄훼하기 때문이다. 탈세 업소에 대한 대응, 불매 운동, 직장 내 관행과 규정의 충돌 등 일상적인 상황에서 남들보다 조금만 더 바르게 살아가기도 쉽지 않다. 잘못에 대한 비판만큼이나 흑백 사이에는 무수한 단계가 있다고 인정하는 것이 필요하다. 조금이나마 더 바르게 살아가려는 불완전한 이들의 불완전한 노력이 세상을 더 좋은 곳으로 바꾸어왔다.

3. 내 생각은 얼마나 '내' 생각일까

↳ —

나는 지하철역에 적힌 시와 이야기들을 좋아한다. 광고가 들어갈 수도 있었을 자리에 놓인 시를 보면서, 내가 이 정도 여유는 있는 도시에 살고 있다고 생각할 수 있기 때문이다.

정류장 한 구석의 시, 흘깃 보이는 광고 한 자락, 인터넷에서 본 글 하나, 방금 만난 사람의 표정 등은 서로 거의 독립적이지만 내 머릿속에서는 그렇지 않다. 시간적으로 가깝거나 내용 면에서 관련된 것들끼리 연결되어 서로 영향을 주고받기 때문이다. 그래서 가끔은 찬찬히 되짚어본다. 지금 나는 무엇을 생각하고 어떤 감정을 느끼는가. 혹시 아까 봤던 무언가의 영향 때문에 이 생각과 감정이 일어난 것은 아닌가.

—

간단한 실험을 생각해보자. 무작위로 나눈 A와 B 두 그룹의 사람들에게 뜻이 통하도록 단어의 순서를 바꾸게 한다. 이때 A그룹에는 "하루, 날씨가, 추운"처럼 돈과 무관한 단어들을 주고, B그룹에는 "일, 연봉이, 높은"처럼 월급에 관련된 단어들을 준다.

참가자들이 이 과제를 마치고 나면, 아주 어려운 퍼즐을 주고 풀게 한다. 그리고 도움이 필요하면 찾아오라고 하고 방을 나간다. 두 그룹 중 어느 그룹의 사람들이 더 빨리, 더 많이 도움을 요청했을까?

중립적인 문장을 만들었던 A그룹의 참가자들은 도움을 요청하기까지 평균 3분이 걸린 반면, '월급'에 관련된 문장을 만들었던 B그룹의 참가자들은 평균 5분 30초가 걸렸다. '월급'에 대한 문장을 만드는 동안 '월급'을 떠올린 참가자들이 혼자 해결하려는 경향을 더 많이 보인 셈이다.

'월급'을 떠올린 참가자들은 타인을 돕는 데도 인색했다. 이들은 문제를 푸느라 힘들어하는 다른 참가자나 필통을 떨어뜨린 연구자를 도와주지 않는 경향을 보였다. '월급'에 대한 생각이 참가자들을 경쟁적인 직업 현장에 있는 것처럼 행동하도록 만들었던 것이다.

점화 효과

이처럼 최근에 경험한 대상이 나중의 생각, 인식, 행동에 영향을 끼치는 현상을 점화 효과priming effect라고 한다. 우리 주변에서 일어나는 대부분의 사건은 시간적으로 연관되어 있다. 예컨대 바늘을 보고 나면 실을 보게 될 확률이 높고, 컵이 높은 곳에서 떨어지는 순간을 본 다음에는 컵이 깨지는 장면을 보게 될 확률이 높다.

따라서 점화 효과는 앞으로 일어날 사건을 더 빠르고 정확하게 인식하고 맥락에 맞게 반응하는 데 유익할 것으로 추정된다.

2017년 노벨 경제학상을 수상한 리처드 세일러Richard H. Thaler 교수는 인간은 기존의 경제학이 주장하는 것처럼 이성적이고 이기적인 존재가 아니며, 비이성적인 행동 패턴을 보인다는 사실을 연구해왔다. 점화 효과로 인해 생겨나는 기준점anchor 효과는 이러한 비이성적인 행동 패턴 중 하나다.

예컨대 주민등록번호의 마지막 두 자리 숫자를 물어본 뒤, 와인 병을 보여주며 몇 달러인지 추정해보라고 하면, 주민등록번호의 마지막 두 자리 숫자가 큰 사람일수록 와인이 비싸다고 추정하는 경향이 있다. 주민등록번호의 마지막 두 자리 숫자가 기준점이 되어 와인 가격을 추정하는 데 영향을 주기 때문이다. 점화 효과는 건강한 식습관처럼 바람직한 행동을 유도하도록 환경을 디자인하거나, 상품을 구매하도록 광고를 설계하는 데 쓰일 수 있다.

점화 효과와 의식적인 기억

점화 효과는 과거의 경험이 현재의 행동과 인식에 영향을 준다는 측면에서 기억과 비슷해 보이지만, 내용을 의식적으로 지각할 수 없다는 점에서 의식적인 기억과 다르다. 예를 들어보자. 기억상실증 환자와 정상인들에게 24개의 단어를 하나씩 보여주고 소리 내서 읽게 한다. 몇 분 후, 학습한 단어 24개와 새로운 단어 24개를 뒤섞어서 하나씩 보여준다. 단, 간신히 읽을 수 있을 만큼 짧은 시간 동안만 보여주고, 보여준 단어가 무엇인지 알아맞히게 한다. 그 뒤 방금 추론한 단어가 앞서 학습했던 단어인지 아닌지 물어본다.

그러면 기억상실증 환자와 정상인 모두가 이미 보았던 단어를 더 잘 알아맞힌다고 한다. 미리 학습한 단어들이 점화 효과를 일으키기 때문이다. 기억상실증 환자와 일반인 사이의 차이는 이미 보았던 단어인지 아닌지 기억하는 능력에서 드러난다. 기억상실증 환자는 점화 효과를 일으킨 단어가 이전에 보았던 단어인지 아닌지 기억하지 못하지만, 일반인은 높은확률로 기억할 수 있다. 이는 점화 효과가 의식적인 기억과는 다른 과정임을 보여준다.

점화 효과와 의식적인 기억은 뇌 활동의 양상 측면에서도 다르다. 정상인을 대상으로 이 단어 실험을 적용한 기능성 자기공명영상fMRI 연구에 따르면, 아래쪽 두정엽은 점화 효과에, 위쪽 두정엽은 의식적인 기억에 더 많이 관여했다고 한다. 하지만 이 단어 실험과 글의 처음에 설명한 '월급' 실험을 할 때 일어나는 뇌 활동은 다를 수 있으며, 점화 효과의 뇌 속 원리에 대해서는 더 많은 연구가 필요하다.

우리 주변의 점화 효과

우리는 수많은 자극에 둘러싸여 살아간다. 지하철 벽면의 광고, 신문 기사, 주변 사람들과의 대화, 인터넷 게시물, 지나가는 사람들, 건물들…. 점화 효과는 이 자극들이 나의 생각과 인식과 행동에 상당한 영향을 준다는 점을 시사한다. 우리는 나의 생각은 내 것이라고 여기지만, 실제로는 주변의 영향을 받아 떠오른 것인지도 모른다. 1월 1일에는 굳건하던 각오가 일주일만 지나면 무뎌지는 것도, 캠프나 여행지에서의 깨달음이 돌아오면 아득해지는 것도, 점화 효과 때문일지도 모르겠다.

점화 효과를 생각해보면 인터넷을 떠도는 유행어 하나, 수많은 사람이 오가는 지하철역의 벽보 하나, 세간을 떠들썩하게 하는 기사 하나하나가 예사롭지 않다. 특정 지역이나 여성, 장애인에 대한 혐오가 공공연히 향유되는 상황은 우리에게 어떤 영향을 끼쳤을까? 누군가에게 베푼 사소한 친절이나 분노의 파급 효과는 어느 정도일까? 누군가가 댓글로, 공중파 뉴스로, 온라인 커뮤니티로 기획된 정보를 퍼트렸을 때, 우리의 생각과 인식과 행동은 어떤 영향을 받았을까? 그때 우리의 생각은 얼마나 자유로웠을까?

다시 주변을 둘러본다. 지금 나를 둘러싼 자극들은 나의 생각과 인식과 행동에 어떤 영향을 미치고 있을까? 또 나의 말과 행동은, 내 주변 사람들에게 어떤 영향을 주고 있을까?

4. 잘사는 집 아이들이 더 똑똑할까

ㄴ —

초등학교 때였다. "시험공부를 하지 않는 게 하는 것보다 (불안해서) 더 힘든데, 다른 아이들은 왜 공부를 안 하는지 모르겠다"라고 했다가 부모님께 혼난 적이 있다. 나는 공부에 집중하기 좋은 여건에 있을 뿐, 그렇지 않은 아이도 많다고 하셨다. 그때는 이해하는 척만 하고 넘어갔는데, 나중에야 이 말씀을 이해하게 되었다. 신경 써야 할 일이 많고 정서적으로도 힘든 상황에서는 공부에 집중하기가 훨씬 더 어려웠다. 나는 대다수 아이들보다 열심히 공부했지만, 정서적으로 안정된 부모님과 지적인 집안 분위기가 공부에 집중할 수 있도록 도와준 측면도 컸던 셈이다.

그렇다면 나의 시험 점수는 온전하게 나의 노력과 능력으로 받아낸 것일까, 아니면 주변 환경의 지분도 포함된 것일까? 시험의 과정과 결과가 공정하더라도 시험을 준비하는 여건이 평등하지 않았다면, 기회가 균등하다고 할 수 있을까?

—

무더운 열대우림과 건조한 사막, 추운 북극은 물론 지구 밖의 우주 정거장에서도 사람이 산다. 사람들은 다양한 자연 환경과 다채로운 문화에 적응해서 살 수 있다. 환경에 따라 살아가는 데 필요한 능력이 다른데도 다양한 환경에서 사람이 살 수 있는 것은 뇌가 환경에 적응하는 능력이 탁월하기 때문이다.

환경을 품으며 빚어지는 뇌

어떤 환경에서 살아가게 될지 알 수 없기 때문에, 뇌는 호모사피엔스가 태어나서 경험할 법한 환경에 적응할 잠재력을 두루 갖춘 상태로, 하지만 특정한 환경에 특화되지는 않은 상태로 태어난다. 그리고 어려서부터 경험하는 환경과 자극에 갈수록 특화된 형태로 다듬어진다.

예를 들어서 눈으로 사물을 보는 것처럼 기본적인 능력조차 환경과 반응해서 시각 뇌가 '빚어져가는' 과정을 거쳐야 한다. 갓 태어난 아기 고양이의 한쪽 눈을 몇 개월간 가려두면, 가려둔 쪽 눈에 연결된 시각 뇌 영역은 신경 네트워크가 다듬어지는 데 필요한 시각 자극을 경험하지 못한다. 그러면 이 고양이는 나중에 눈을 뜬 뒤에도 그 눈으로는 아무것도 보지 못하게 된다. 멀쩡한 눈이 있어도 뇌가 환경을 품어내며 빚어지지 않으면 세상을 보지 못하는 것이다.

말을 듣는 것도 마찬가지다. 어렸을 때는 모든 나라의 말에 있는 모든 소리를 들을 수 있지만, 어떤 나라의 말도 잘 듣지 못한다.

그러다가 자주 들리는 소리(예: 모국어)를 잘 들을 수 있게 되면서, 자주 들리지 않는 소리(예: 외국어에만 있는 독특한 발음)는 듣지 못하게 된다.

유아기·아동기 때는 물론, 성인이 된 후에 경험한 일들도 뇌를 바꾸어간다. 나이가 든 뒤에도 좋아하는 음악이 조금씩 달라지고, 카카오톡이나 스마트폰처럼 신기술에 익숙해지고, 이사해 간 동네와 새로운 직장에 적응할 수 있는 이유다. 그래서 한 사람의 뇌는 그가 살아가면서 경험한 수많은 사람과, 환경과, 자극과 이야기들을 품고 있다.

사회경제적 지위와 뇌 발달

만일 누군가가 아주 어려서부터 경험한 환경이 거칠고 부족했다면 어떨까? 사람의 뇌는 환경에 끊임없이 적응하며 평생 동안 변해가지만, 뇌가 한창 발달하는 유아기·아동기·청소년기에 경험한 환경은 특별히 큰 영향을 끼친다. 이 시기에 스트레스를 많이 받거나 충분한 보살핌을 받지 못하면 언어 능력, 기억, 인지 능력, 감정을 조절하는 능력이 덜 발달하게 된다. 따라서 결핍된 환경과 뇌 발달의 관계를 이해하는 것은 사회 정의와 국가 인력 관리 측면에서 중요하다. 세계적으로 만 10~24세 인구의 90퍼센트가 중·저개발국가에 살고 있기 때문에 결핍된 환경이 뇌 발달에 어떤 영향을 주는지, 불리한 환경에 있는 이들에게 어떤 도움이 가장 효과적일지 아는 것은 국제 보건 측면에서도 중요하다.

몇 가지 어려움 때문에 사회경제적인 지위와 뇌 발달의 관계는 비교적 최근에야 연구되기 시작했다. 과학 연구를 하려면 변인을 명확히 정의하고 측정할 수 있어야 하는데, 사회경제적인 지위는 직업, 수입, 교육 수준, 거주 지역 등 여러 요소의 복합적인 영향을 받는 탓에 명확하게 정의하기가 어렵기 때문이다. 예를 들어 사무직 노동자가 국제적인 수준의 음악가보다 더 높은 과정의 교육을 받았을 수 있다. 또 사회경제적인 지위는 뇌 발달에 영향을 주는 다른 요인들(예: 자녀와 부모가 함께 보내는 시간의 양과 질, 영양, 안전 등)과 대체로 상관관계를 보이지만 항상 그런 것은 아니다. 예컨대 사회 경제적인 지위가 높더라도 부모가 너무 바쁘면 자녀와 함께하는 시간의 양과 질이 낮을 수 있다.

이런 어려움에도 불구하고 사회경제적인 지위와 뇌 발달 사이의 상관관계(인과관계가 아닌!)에 대해 점점 더 많은 사실이 밝혀지고 있다. 사회경제적인 지위의 영향이 가장 두드러지는 부분은 언어 능력이다. 사회경제적인 지위가 낮은 아동이나 청소년일수록 언어에 관련된 뇌 영역의 활용도가 낮다고 한다. 미국의 경우, 사회경제적으로 불리한 환경에서 태어난 아동들은 사회경제적으로 유리한 환경에서 태어난 아동에 비해 3,000만 단어 정도를 적게 듣는다고 한다. 이는 아동이 보호자와 함께 보내는 시간이 짧고,

대화의 품질도 낮기 때문(예: 주고받는 대화는 거의 하지 않고, 지시형 말만 자주 듣는 경우)이라고 추정되고 있다.

사회경제적인 지위에 영향을 받는 또 다른 뇌 부위는 해마다. 만성 스트레스, 방임은 해마의 크기를 줄인다. 취약한 사회 계층만 스트레스를 경험하는 것은 것은 아니지만, 낮은 사회 계층에 소속된 아동들은 해마가 작은 경향이 있다. 해마는 서술 기억과 긴밀하게 연관된 부위인데, 실제로 취약 계층의 아동은 서술 기억 능력이 부족한 경향이 있다고 한다. 또 취약 계층의 아동들은 주의를 집중하고 감정을 조절하는 능력이 부족한 경향을 보인다.

아이가 자라는 마을

이 연구 결과들이 '사람의 능력과 성품은 집안의 재산과 지위에 따라 결정됨'을 뜻하는 것은 결코 아니다. 불행하게도(혹은 불공정하게도) 뇌 발달에 영향을 주는 요인들(아동과 보호자가 함께하는 시간과 질, 영양 섭취 등)이 사회경제적인 지위와 상관관계가 있다는 뜻이며, 뇌 발달에 영향을 주는 요인을 바꿈으로써 취약 계층 아동의 뇌 발달에 긍정적인 영향을 줄 수 있다는 뜻이다. 다양한 환경에서 온갖 모습으로 살아갈 잠재력을 갖고 태어난 한 명의 아이가 훌륭하게 성장하기 위해서는 정말로 온 마을이 필요한 모양이다.

5. 타고나는가, 만들어지는가

↳ —

얼마나 많은 부분이 유전으로 결정되었는지, 얼마나 많은 부분을 노력으로 개선할 수 있는지는 많은 사람의 흥미를 끄는 주제다. 노력으로 개선할 수 있다면 희망을 가질 수 있고, 유전으로 결정되었다면 포기해야 하므로(혹은 포기해도 되므로) 대답에 따라 희비가 엇갈리는 질문이기도 하다. 그런데 어떤 질문들은, 질문의 답을 정확하게 아는 것 이상으로 질문하는 목적을 분명하게 하는 것이 중요하다고 생각한다. '타고나는가, 만들어지는가'라는 질문이 그렇다. 당신은 포기(혹은 단죄)하기 위해서 묻는가, 더 발전하고 포용하기 위해서 묻는가?

—

우리는 지능, 재능, 질병, 성격 등 개인의 특징에 대한 다음 질문들에 익숙하다. 지능은 유전적으로 결정되는가, 경험으로부터 형성되는가? 유전과 경험의 영향은 각각 몇 퍼센트 정도인가?
이 질문은 지능이 어떻게 결정되는지 이미 알고 있다고(지능이 어떻게 결정되는지 전체 그림을 알아야 유전·환경 요인이 그중에서 몇 퍼센트를 차지하는지 계산할 수 있으므로) 가정하고 있다. 또 지능에 영향을 주는 환경 요인과 유전 요인을 구분할 수 있다고 전제하고 있다.

지능에 대해서는 아직까지 명확하게 합의된 정의가 없으므로 논의하기가 어렵다. 그런데 어느 정도 합의된 분류 기준을 가진 정신질환도 유전과 환경의 기여를 구분하기가 어렵다. 살아가는 동안(경험) 유전체에는 변이가 계속해서 누적되기 때문이다.

타고난 유전 정보의 변화

성인의 몸 안에는 약 100조 개의 세포가 있고, 이 모든 세포는 난자와 정자가 만나서 형성된 수정란이 분열하고 분화해서 생겼다. 예를 들어 신경세포들은 태어나기 전부터 생후 첫돌까지 신경줄기세포neuronal stem cell와 신경전구세포neuronal progenitor들이 약 100억 회의 분열을 거치며 생겨난다.

세포분열로 생겨난 딸세포들이 모세포와 같은 유전체를 가지려면 유전체도 복제되어야 한다. 유전체 복제 시스템이 매우 정교하기는 하지만, 사람의 체세포에 있는 65억 개나 되는 염기를 복제하다 보면 실수가 생길 수 있다. 10억 개의 염기를 복제할 때마다 0.27개에서 0.99개의 실수가 생긴다고 한다. 세포 하나가 분열할 때마다 1.8~6.4개 염기에서 복제 실수가 생기는 셈이다. 그 결과, 세포마다 조금씩 다른 유전체를 가지게 된다. 전형적인 뇌에서 각 신경세포는 1,000~1,500개의 단일 염기 변형Single nucleotide variants(유전체의 어떤 위치에서 하나의 염기만 다른 염기로 변한 것)을 가지고 있다고 한다.

유전체는 복제 과정의 실수 외에도 다양한 경로로 손상될 수 있다. DNA의 유전 정보가 RNA로 전사되고, 경험에 따라 유전체가 수정되고, 세포가 호흡하고, 환경 스트레스에 반응하는 과정에서 유전체가 손상될 수 있다. 대부분의 손상은 복구 시스템을 통해서 회복되지만, 정확하게 수선되지 않는 경우도 있다.

그래서 우리 몸은 조금씩 다른 유전체를 가진 세포들로 구성된 모자이크와 같다. 수정란이 가지고 있던 유전적 다양성에 더해, 이런 변이들이 추가되면서 더 다양한 개인과 뛰어남, 때로는 모자람이 생겨난다고 여겨진다.

타고난 정보의 변용

손상과 실수 때문이 아니어도 유전 정보는 다양하게 변용될 수 있다(그림1). 흔히 DNA는 이중나선을 형성한다고 알려져 있지만, 두 가닥의 DNA는 이중나선 외에도 약 스무 가지의 다른 형태를 가질 수 있다. 이러한 형태 변화는 DNA를 수정하는 효소들이 DNA를 수정하는 방식에 영향을 준다. DNA 가닥이 주변의 단백질histone에 얼마나 꼭 끼게 감겨 있는지와 같은 특성도 어떤 유전

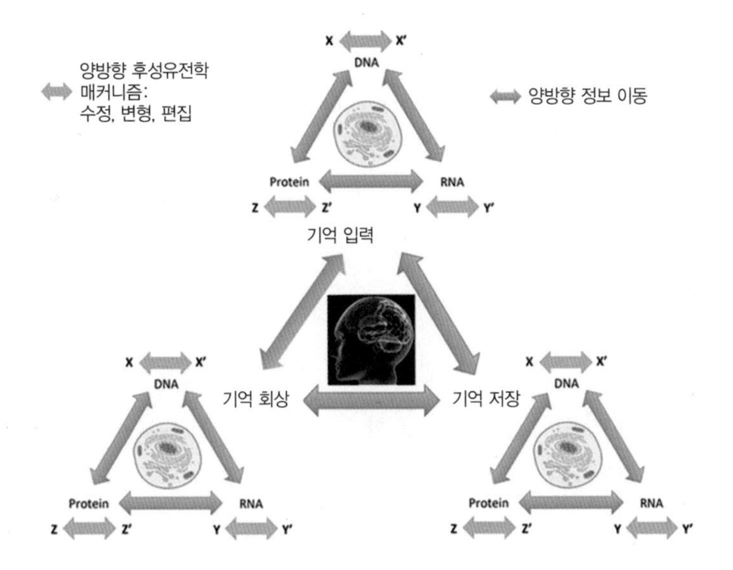

그림1 DNA, RNA, 단백질은 후성유전학적으로 수정되고, 구조가 변하며, 편집될 수 있다.

자가 얼마나 발현되는지에 영향을 준다. 경험에 따라 DNA 주변의 단백질을 수정하고, 이를 통해 유전자의 발현량을 조정하는 과정은 학습과 기억에 매우 중요하다. 어떤 유전자를 타고나기만 해서는 안 되고, 어떤 유전자가 언제, 얼마나 발현되는지가 경험에 따라 잘 조절돼야 하는 것이다.

유전물질인 DNA는 세포 핵 안에 있고, 유전물질을 번역translation해서 단백질로 만드는 물질들은 핵 밖에 있다. DNA를 핵 밖으로 꺼내지 않고 보호하면서도, 단백질을 만들 수 있으려면 DNA의 정보를 베껴서(전사transcription) 핵 밖으로 가지고 나오는 중간물질이 있는 게 좋다. 이 중간물질이 RNA다.

그런데 RNA는 DNA의 정보만 고스란히 베끼는 것이 아니라고 한다. RNA 자체가 수정되기도 하고 (알려진 RNA 수정만도 140여 가지에 이른다), 긴 RNA 가닥의 모양이 변하기도 하며, RNA 가닥의 정보가 편집되기도 한다. RNA 편집은 신경세포들이 신호를 전달하고, 학습하는 데 중요한 역할을 하는 구조물(시냅스)과 단백질의 발현에도 관련된다고 한다.

이처럼 태어난 뒤에도 유전 정보와 유전 정보의 사용에 다양한 변화가 있을 수 있고, 이런 변화가 마음의 작용과 질환에도 중요한 역할을 한다. 이런 중요성과 유전공학기술의 발달, 빅데이터 처리 역량, 거대과학 프로젝트 등에 힘입어 최근에는 신경후성유전학neuroepigenetics 연구도 활발해지고 있다.

질문에 따라 달라지는 처방

'타고나는가, 만들어지는가'라는 질문은 지능이든, 질병이든, 성격이든 상황이 이미 벌어진 뒤에 원인을 파악하고, 원인에 책임을 돌리는 방식이다. 어떻게 하면 개선될지 방법을 묻는 질문이 아니므로, 답을 얻더라도 상황을 개선하려면 무엇을 해야 할지가 불분명하다. 이러면 삶을 주도하기보다는 유전이나 환경을 탓하기 쉬워진다. 사회적으로도 '유전적 또는 환경적으로 이미 만들어진' 사람을 선별해서, 그에 따라 처우를 심판하는 전략을 택하게 된다. 예를 들어 범죄를 저지를 사람을 미리 선별해서 별도로 관리하고, 기술을 동원해서라도 뜯어고치는 방법을 고려하게 되기 쉽다. 이런 의미에서 '타고나는가, 만들어지는가'라는 질문은 다소 아프고 슬프다.

다르게 물어야 하지 않을까. '어떻게 하면 앞으로 더 좋아질 수 있는가'라고. 원인이 환경이 되었든, 유전이 되었든 이미 그러한 사람을 버릴 수는 없기 때문이다. 이 질문은 부족하더라도 할 수 있는 부분(환경과 경험)을 개선해가는 길을 묻는다. 그래서 이 질문을 풀어가는 과정에는 '타고나는가, 만들어지는가'라는 질문의 답을 얻는 과정이 포함될 수 있다. 나아가 '이미 그러한 사람들'의 잠재력에 대한 고찰을 포함하고, 스스로 변할 수 있는 주도성을 열어둔다.

식물은 뿌리를 내리다가 바위가 막아도, 자라다가 햇빛이 부족해도, 휘고 굽으며 길을 열어간다. 개인이든 사회든 그렇게 길을 열어가는 질문, 길을 열어가는 생명력을 갖기를 바란다.

6. 생쥐에게도 표정이 있다

└→ —

2020년 4월 과학 저널《사이언스》에 귀여운 논문이 소개되었다. 이 논문에서는 생쥐의 감정이 어떤 표정으로 드러나는지를 연구했다. 감정은 물리적으로 측정하기 힘든 주관적인 상태일 뿐만 아니라, 물리적으로도 뇌 속 여러 부위 및 신체의 다양한 부분과 관련된다. 그래서 그동안은 생쥐의 감정을 빠르고 정확하게 추론하기가 어려웠다. 생쥐가 벌벌 떠는 정도 등의 행동과 일부 뇌 활동으로 미루어 추정하는 수밖에 없었다. 하지만 생쥐의 표정을 통해 감정을 추론할 수 있다면, 향후 감정에 대한 연구를 진행하는 데 큰 도움이 될 터였다. 생쥐의 표정이라니, 귀엽지만 중요한 논문이었던 것이다.

동시에 무척 짠한 논문이기도 했다. 과학에서는 물리적인 측정을 중요하게 여기며, 물리적인 특정을 통해 객관적으로 확인할 수 없는 것에 대해서는 함부로 말하지 않는다. 이 논문은 감정이라는 측정할 수 없는, 주관적인 부분과 표정을 연결한다는 대단히 힘겨운 난관을 넘어야 했다. 리뷰어들에게 얼마나 시달렸을지 보지 않고도 보인달까… 실제로 이 논문은 생쥐의 표정이 감정을 드러낸다는 것을 여러 방법으로 꼼꼼하게 보여주었다.

—

오래전에 쥐 실험을 할 때였다. 배고픈 쥐에게 먹이를 25퍼센트, 50퍼센트, 75퍼센트, 100퍼센트 중 하나의 확률로 주면서 확률적인 보상의 학습에서 도파민이 어떤 역할을 하는지 연구하고 있었다. 보상이 100퍼센트로 주어질 때면 쥐는 다소 느긋하게 먹이를 즐기곤 했다. 특히 쥐가 고개를 살짝 들고 오물오물 씹는 모습을 보노라면, 쥐가 행복한 표정을 짓는 것처럼 보였다. 하지만 쥐에게 표정이 있다는 생각은 지나치게 도발적으로 느껴졌다. 그 당시에는 쥐의 표정을 분석할 수단이 마땅치 않았기 때문이다. 또 표정은 사회성과 깊은 관련이 있다고 여겨지는데, 쥐의 사회성에 대해서는 지금보다 훨씬 더 보수적인 생각이 널리 퍼져 있었다. 쥐가 다른 쥐의 행동을 보고 학습할 수 있다거나, 낯선 쥐가 곤경에 처하면 도와주려 애쓴다는 등의 연구 결과는 최근에 축적되었다.

지금은 쥐의 표정을 비교적 쉽게 측정하고 분석할 수 있다. 인공지능이 사진 속의 물체를 사람보다 더 정확하게 인식할 정도로 발전했기 때문이다. 덕분에 요즘에는 쥐의 표정을 비롯한 온갖 움직임을 예전보다 빠르고 정확하게 측정할 수 있다. 기술의 발전이 과학에도 영향을 끼친 것이다. 2020년 4월에는 생쥐의 감정이 어떻게 표정으로 나타나는지를 살펴본 돌린직Dolensek 등의 연구도 《사이언스》에 발표되었다. 연구자들은 생쥐가 감정적인 사건들을 경험하는 동안, 생쥐의 얼굴을 촬영하고 인공지능으로 분석했다.

연구자들은 생쥐의 머리가 고정된 상태에서 꼬리에 전기 쇼크를 주거나, 달콤한 설탕물을 주거나, 쓴 액체를 주거나, 진정제 계열의 약물을 투여해 아프고 무기력한 느낌을 주었다. 또 쥐가 떨거나 도망치려 하는 시점도 표시해두었다. 그러고 나서 생쥐의 표정을 분석한 결과, 생쥐의 표정이 사건별로 명확하게 구별되는 것을 확인할 수 있었다. 또 생쥐의 표정을 인공지능에 학습시킨 후, 생쥐의 표정만 보여주고 어떤 감정 사건을 겪고 있을지 알아맞히게 했더니 90퍼센트 이상의 정확도가 나왔다. 이 결과는 감정 사건과 표정 사이에 일대일에 가까운 높은 상관관계가 있음을 보여준다.

하지만 위 결과만으로는 생쥐의 표정이 생쥐의 감정을 드러낸다고 보기 어렵다. 생쥐 얼굴 근육의 움직임이 무릎 반사처럼 단순한 반사에 가까울 수도 있기 때문이다. 그래서 연구자들은 생쥐의 표정이 감정의 핵심적인 특징을 반영하는지 실험해보았다. 먼저 감정에는 강도가 있다. 연구자들은 설탕물이 달콤할수록 생쥐의 표정이 단맛을 느낄 때의 전형적인 표정에 가까워지는 것을 확인할 수 있었다. 쓴 용액과 전기 쇼크에 대해서도 비슷한 결과를 얻었다. 이는 감정처럼 표정에도 강도가 있음을 암시한다.

또 감정에는 좋고 싫음이 있다. 염분은 신체에 적절히 필요하므로 설치류는 약한 농도의 염분은 좋아하지만 고농도의 염분은 싫어한다. 연구자들은 소금물이 연할 때는 생쥐의 표정이 단맛을 느낄 때의 즐거운 표정에 가까운 반면, 소금물의 농도가 진할 때는 쓴 맛을 느낄 때의 역겨운 표정에 가까워진다는 사실을 발견했다. 이 결과는 표정이 대상(이 경우 소금)의 특징 때문이 아니라 좋고 싫음에 따라 일반화됨을 뜻한다.

감정의 또 다른 중요한 특징은, 신체 상태를 비롯한 내적 상태에 따라 달라진다는 점이다. 감정은 생존을 위해 행동, 호르몬, 자율신경 등이 반응하는 패턴으로서, 외부 정보와 신체의 신호, 인지 처리가 역동적으로 통합되어 일어나는 과정이기 때문이다. 연구자들이 생쥐가 목이 마른 상황과 마르지 않은 상황에서 물을 마실 때의 표정을 비교한 결과, 목마른 상황에서 물을 마실 때 즐거운 표정에 더 가까웠다.

또 감정적인 반응은 경험에 따라 변한다. 먹고 체했던 음식이 싫어지는 것도 이런 이유 때문이다. 설탕물을 마신 생쥐에게 일시적으로 몸을 아프게 하는 약물을 주입하면 생쥐도 설탕물을 싫어하게 되는데, 이런 감정적인 변화가 표정에서도 확인되었다. 약물을 주입하기 전에는 설탕물을 마실 때 즐거운 표정을 짓던 생쥐가, 약물을 주입한 후에는 설탕물을 마시고 역겨운 표정을 보였다.

끝으로 감정은 감정을 유발한 사건이 끝난 뒤에도 지속될 수 있는데, 연구자들은 생쥐의 표정이 감정적 사건이 지난 뒤에도 지속되는 것을 확인하였다. 감정 사건은 대개 2초간 제시되었음에도, 표정은 15초 이상 지속되는 사례가 17퍼센트에 달했다. 이상의 결과들은 생쥐의 표정이 감정의 핵심 특징을 잘 반영하고 있음을 보여준다. 나아가 연구자들은 감정 반응에서 중요한 역할을 하는 뇌섬엽insular 신경세포들의 활동이 즐겁거나 역겨운 표정과 관련된다는 것을 발견했다.

타인의 감정

생쥐의 뇌는 사람의 뇌보다 훨씬 작고, 사회 생활의 복잡성도 사람과 비견할 바가 못된다. 그런데도 생쥐의 표정이 감정을 드러낸다는 것을 보여주기 위해서 저처럼 많은 실험이 필요했다. 이것은 감정은 당사자만이 느낄 수 있는 주관적인 영역이기 때문이다. 주관성은 아직 과학조차 확언할 수 없는 영역이다.

간혹 다른 사람의 생각(깊이 반성한다거나, 싫다고 표현하지만 실제로는 좋아한다거나)을 자기가 안다고 단정하는 경우를 본다. 단정을 했더라도 이후에 관측된 사실이 단정과 다르다면 단정하기를 멈춰야 할 텐데, 그러지 않는 경우들을 본다. 하물며 생쥐의 표정을 추정하는 것조차 저토록 신중해야 하는데, 다른 사람의 감정을 확언할 수 없음을 배우기까지 얼마나 많은 시간이 필요한 걸까.

사람의 감정도 표정으로 읽을 수 있을까?

예전에는 행복, 놀라움, 두려움, 역겨움, 분노, 슬픔이라는 여섯 가지 감정에 대한 표정이 모든 문화권에서 공통이며, 표정으로 감정을 읽을 수 있다고 믿었다. 이 믿음이 법적인 판결, 정신 진단, 교육, 안보, 마케팅 등 여러 분야에서 영향을 끼쳐왔다. 직접 물어서 확인해보지도 않은 채, '얼굴이 빨개졌으니 내가 만져주는 걸(성추행으로도 볼 수 있는 행동을) 좋아하는 것이다'라는 기상천외한 결론도 이처럼 표정으로 감정을 판단할 수 있다는 가정에 근거한다. 그런데 정말 그럴까?

몇 년 전 《Psychological Science in the Public Interest》라는 저널의 에디터가 얼굴을 통한 감정 표현에 대해서 서로 다른 견해를 가진 연구자들을 모았다. 그리고 이들에게 표정과 감정에 대한 그동안의 연구를 정리해서 리뷰 논문을 써달라고 요청했다. 초대된 연구자들은 각자의 편견을 배제하려고 힘썼고, 서로 간에 학문적 의견이 충돌할 때는 조사의 범위를 넓혀가며 연구에 임했다. 그리고 2년 반 뒤, 1,000여 개의 논문을 읽은 연구자들은 결론에 도달했다. 얼굴 근육의 움직임(표정)을 활용해서 타인의 감정을 믿을 만하게 추론할 수 있다는 증거는 없거나 충분하지 않다고. 사람들이 감정을 소통하는 방식은 문화와 상황에 따라 달랐고, 같은 상황에서도 사람에 따라 달랐다.

또 다른 연구에 따르면 감정의 의미부터가 문화마다 미묘하게 다르다고 한다. 예컨대 오스트로아시아어족에서, 부러움은 분노, 혐오와 얽혀 있는 반면, 오스트로네시아어족에서는 특이하게도 자부심이 분노, 나쁨, 혐오와 얽혀 있다. 또 인도유러피안어족에서는 부러움이 희한하게도 슬픔, 불안, 공포, 분노, 후회, 불쌍함, 희망과 밀접하게 관련된다. 문화뿐만 아니라 직업 특성, 사회경제적 지위, 성별, 나이, 개인에 따라서도 감정의 의미가 다를 수 있다는 점을 생각하면, 표정으로부터 감정을 추론하기란 힘들 수밖에 없다.

1,000여 개의 논문을 읽고 리뷰를 했던 연구자들은 사람들이 어떻게 얼굴 근육(43개나 된다)을 움직여서 자신의 감정과 사회적인 정보를 전달하는지, 어떻게 다른 사람의 감정을 인식하는지에 대한 연구가 시급하다고 요청했다. 표정을 통한 감정 인식이 사회 여러 부분에서 중요하게 작동하고 있기 때문이다. 심지어 요즘에는 인공지능을 활용해서 사람의 표정을 읽고, 감정을 추론하려는 시도까지 이루어지고 있다. 얼굴 근육이 어떻게 감정과 사회적인 메시지를 전달하는지에 대한 정보가 부족한 상황에서 이런 시도는 극도로 위험할 수 있다. 표정 때문에 나의 성격이나 의도가 잘못 평가될 수 있기 때문이다. 더욱이 이런 위험은 기술 연구를 주도하는 백인 서구 문화권이 아닌 다른 문화권의 사람들에게 더 높다.

인공지능이 내 표정을 어떻게 인식하는지에 맞춰서 내 표정을 꾸며내야 하는 시기가 오기 전에, 더 많은 사람이 알기를 바란다. 타인의 감정과 생각을 비롯한 주관은 아직 과학조차 모르는 영역이라는 것을. 당신이 남의 생각과 감정을 안다고 확신한다면, 그건 착각일 확률이 높다. 또한 한때 그런 확신을 가졌더라도 아니라는 증거가 쌓이면 그 확신을 고쳐야 한다. 그것이 최소한의 과학적인 태도고, 세상은 그렇게 진보해왔다.

7. 거짓말 탐지기는 거짓말을 안 할까

↳ —

해외의 뇌과학자들이 거짓말 탐지 기술을 미국 법정에 도입해도 좋을지를 논의할 때는, 그 내용을 별다른 부담 없이 한국 독자들에게 전할 수 있었다. 생각해보면 나는 그들의 상황을 현실감 없이, 반쯤은 영화나 드라마를 보는 느낌으로 대했던 게 아닐까 싶다. 하지만 한국에서도 거짓말 탐지 기술이 사용되었다는 기사를 접했을 때는 아무 생각도 나지 않았다. 피해자의 절실함과 만에 하나 있을 수 있는 억울한 사례가 너무 무거워서 찬성도 반대도 할 수 없었다. 그러고 나니 우리보다 먼저 이런 과정을 거쳐 간 나라들이 달리 보였다. 우리나라에서도 시민사회의 논의를 통해서 과학을 사회에 반영해가는 과정이 정착되기를 소망한다.

—

범죄 수사물을 보다 보면 뇌 활동이나 심장 박동 같은 생리적인 반응을 측정해서 용의자의 거짓말을 탐지하는 장면이 나온다. 영화와 드라마에서 이 기술은 100퍼센트에 가까운 정확도를 가지고 있으며, 거짓말의 귀재 정도는 되어야 거짓말 탐지기를 속일 수 있는 것으로 묘사되곤 한다. 실제로는 어떨까?

교감 신경의 반응을 활용한 거짓말 탐지

거짓말 탐지에는 몇 가지 방법이 있다. 가장 원시적인 방법은 1920년경에 발명된 심리생리검사polygraph다. 영화나 드라마에서 서류 가방 크기의 장비를 꺼내서 용의자의 손가락 등 몇몇 신체 부위에 연결한 다음 질문을 하는 장면이 나오곤 하는데(그림1), 이 장면이 심리생리검사를 묘사한 것이다.

심리생리검사는 사람들이 거짓말을 할 때면 참말을 할 때보다는 심리적으로 들떠서(들킬지 모른다는 두려움과 죄책감, 속일 수 있다는 즐거움 등) 교감신경이 활성화되는 원리를 이용한다. 교감신경이 활성화되면 혈압이 높아지고, 심장 박동이 빨라지고, 호흡이 가빠지며, 피부에 땀 분비가 증가하는데, 이런 반응들을 통해서 피해자가 거짓말을 하는지 유추하는 것이다.

문제는 교감신경의 반응이 안정된 상태와 들뜬 상태 두 가지로 딱 나누어지지 않는다는 데 있다. 그림1의 B, C에서 빨간 선은 참말을 할 때의 교감신경의 반응, 파란 선은 거짓말을 할 때의 교감신경의 반응을 나타낸다. 만일 어떤 사람의 교감신경의 반응이 거짓말을 할 때 참말을 할 때보다 확연히 더 활성화된다면(그림1의 B), 거짓말을 탐지하기가 비교적 쉽다.

하지만 그림1의 C처럼 두 경우의 반응이 비슷하다면 탐지의 정확도가 낮아진다. 참말을 했는데도 거짓말로 오해하거나, 거짓말을 했는데도 참말로 오해하는 경우가 생길 수 있다. 거짓말 탐지

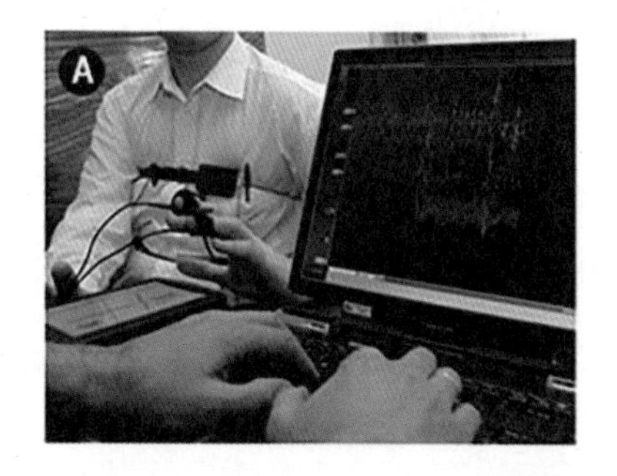

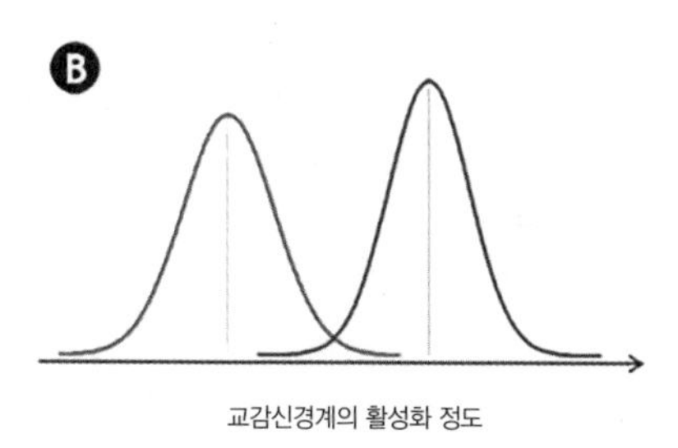

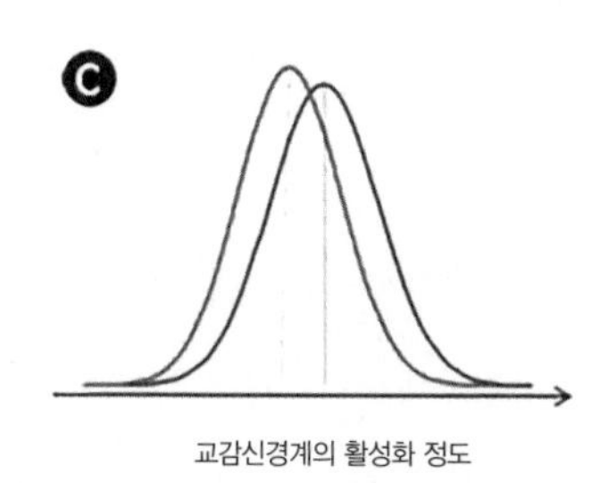

그림1 A. 심리생리검사. B–C: 교감신경계의 활성화 정도를 나타낸 가상 사례.

를 받는 사람이 너무 긴장한 나머지 교감신경계가 내내 활성화되어 있을 때나, 거짓말을 해도 심리적인 동요가 없는 사람의 경우 이런 상황이 벌어질 수 있다.

미국의 국립과학원National academy of science이 2003년에 제출한 보고서에 따르면, 심리생리검사는 바람직한 환경에서 실시되었을 때 무작위로 찍었을 때보다는 훨씬 나은 정확도를 보이지만 완벽함에는 훨씬 못 미치는 결과를 낸다고 한다. 또 검사 대상자가 심리생리검사의 정확도를 낮추는 방법들을 활용할 수 있다고 한다. 국립과학원에서는 인사과 등에서 심리생리검사를 사용하지 말 것을 권했다. 실제로 미국과 대부분의 유럽 국가들에서는 심리생리검사의 결과가 법정 증거로서 받아들여지지 않고 있다.

뇌영상 기술을 활용한 거짓말 탐지

뇌과학이 발전함에 따라서 뇌영상 기술을 활용해서 거짓말인지 참말인지 확인하려는 방법도 연구되고 있다. 예를 들어서 익숙한 물건을 알아볼 때와 낯선 물건을 볼 때의 뇌파를 비교하는 방법이 있을 수 있다. 익숙한 물건을 알아볼 때와 낯선 물건을 볼 때의 뇌 활동이 신뢰할 만큼 다르다면, 범행에 사용된 물건을 용의자가 알아보는지 알아보지 못하는지를 통해서 범인을 찾을 수 있을 것이다. 익숙한 물건이 제시된 지 약 300밀리초 뒤에 뇌파에서 반응이 나타난다고 해서 이 방법을 'P300'이라고도 부른다.

그런데 2008년 후반에 《네이처 신경과학Nature neuroscience》에 출간된 논문에 따르면, '익숙함'을 나타내는 생리학적 표지가 무엇인지에 대해 과학자들 사이에 명확하게 합의된 바는 없다고 한다. 또한 P300을 활용한 검사에서 참말을 거짓말로 오해할 확률은 15~30퍼센트에 이른다. 뇌파 신호에는 노이즈가 많아서 질문에 대한 1회의 답만 가지고 통계적으로 유의미한 결론을 내기 어렵다는 점도 문제로 제기되었다. 적어도 2008년까지는 P300의 정확도에 학자들이 의문을 표했다고 볼 수 있다. P300의 정확도를 높이려는 연구가 최근까지도 계속 나오고 있고, 작년에 출간된 논문에서도 정확도가 아직 85퍼센트인 것을 보면, P300의 신뢰도가 학자들 사이에서 널리 인정되었다고 보기는 어렵지 않은가 조심스럽게 추론해본다.

fMRI를 사용한 거짓말 탐지 기술도 연구되어왔다. fMRI를 사용한 기술도 심리생리검사나 P300을 활용한 뇌파 검사와 비슷한 문제를 가지고 있다. 뇌 활동은 항상 다르다. 심지어 같은 사람이 같은 문장을 여러 번 말할 때도 뇌 활동은 다를 수 있다. 따라서 거짓말을 할 때의 뇌 활동이 참말을 할 때와 얼마나 크게 다르고, 얼마나 신뢰할 만하게 다른지, 이것을 측정할 수 있는지가 쟁점이 되는데 아직까지는 한계가 많다고 여겨지고 있다.

써야 하는가, 쓰지 말아야 하는가

그렇다면 거짓말 탐지 기술을 써야 할까, 쓰지 말아야 할까? 첫째, 어떤 기술의 사용 여부는 사회 구성원들이 합의한 가치에 달렸다. 무죄추정의 원칙을 더 중하게 여기는 사회라면 그림2에서 A와 같은 기술만 채택할 것이다. A기술은 모든 거짓말을 판별할 수는 없지만, 적어도 A 기술이 탐지하는 거짓말은 모두 거짓말이라고 신뢰할 수 있다. 반면에 억울한 사람이 생기더라도 범죄자를 색출하는 것이 더 시급하다고 여기는 사회라면 B나 C와 같은 기술도 채택할 것이다.

둘째, 사회 구성원들이 합의한 가치를 현실에 잘 반영하기 위해서는 기술을 정확하게 이해해야 한다. 논의되고 있는 기술이 A, B, C 중 어디에 해당하는지, 기술의 신뢰도가 어느 정도인지 정확하게 안 뒤에야 합의한 가치에 맞게 기술을 사용할 수 있다. 이를 위해서는 전문가들이 기술에 대해 전반적으로 어떤 입장을 취하고 있는지를 알아야 한다. 같은 분야를 전공하는 과학자들끼리도 의견이 다를 수 있기 때문에, 나와 입장이 비슷한 한두 과학자의 의견을 '과학자'의 의견이므로 믿어도 좋다는 식으로 포장해서는 안 된다. 특히 인구가 적은 우리나라는 연구자들의 풀도 작을 수밖에 없으므로 해외 연구를 두루 참고하는 과정이 꼭 필요하다.

셋째, 받아들인 기술을 가치관에 부합되면서 과학적으로도 합당하게 사용하는 방법을 훈련해야 한다. 예를 들어 어떤 사람의 진

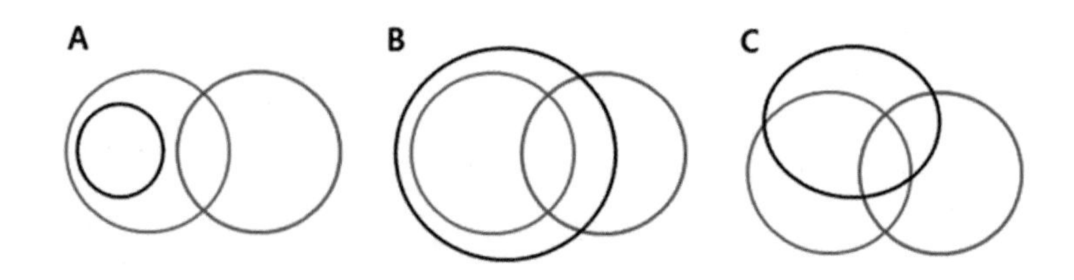

그림2 파란 동그라미는 거짓말을 할 때의 뇌 활동. 빨간 동그라미는 참말을 할 때의 뇌 활동을 나타낸다. 검은 동그라미는 어떤 거짓말 탐지기가 탐지하는 범위다.

술이 거짓말일 확률이 68퍼센트라는 결과가 나왔다고 하자. 이 결과는 이 사람의 말이 거짓말일 확률이 더 높으므로, 지금 거짓말을 하고 있다는 의미가 아니다. 이와 동일한 결과를 받은 사람 100명에게 거짓말이라는 선고를 내렸을 때, 실제로 거짓말을 하고 들킨 사람이 68명, 참말을 하고도 거짓말이라고 누명을 쓰는 사람이 32명 있다는 의미다. 눈앞의 사람이 거짓말을 하고 들킨 68명 중의 한 명일지, 참말을 하고도 누명을 쓴 32명 중의 한 명일지는, 검사 결과만으로는 알 수 없다. 이 결과를 어느 때 어떻게 사용하는 것이 사회에서 추구하는 가치에 부합될지는 시민 사회의 논의를 거쳐야 한다.

얼마 전 우리나라에서도 P300을 사용한 검사와 심리생리검사가 판결에서 중요하게 사용되었다고 한다. 미국 법정에서 거짓말 탐지 기술을 도입해도 좋을지를 두고 해외 뇌과학자들이 논의할 때는, 그 내용을 별 부담 없이 한국의 독자들에게 전할 수 있었다. 생각해보면 나는 그들의 소식을 현실감 없이, 반쯤은 영화나 드라마를 보는 느낌으로 대했던 게 아닐까 싶다. 하지만 막상 한국에서도 이런 기술이 사용되었다는 기사를 접했을 때는 아무 생각도 나지 않았다. 피해자의 절실함과, 만일에 하나 있을 수 있는 억울한 사례가 너무 무거워서 찬성도 반대도 할 수 없었다.

하지만 그토록 무겁기 때문에, ① 과학이 과학답게 다뤄지지 않고 있다는 사실, ② 시민들과의 공개된 논의 없이 저런 변화가 진행되고 있다는 사실만큼은 꼭 지적하고 싶었다. 첫째, 기술 장비가 사용된 수사는 대체로 '과학' 수사라고 불린다. 국내외 과학자들의 전반적인 의견과 과학적 엄밀성이 다뤄지기보다는 원리만 간단히 설명한 뒤 '과학'이라는 수식어를 신뢰의 보증수표처럼 사용하는 경우가 많다. 하지만 따지지 않고 믿는 것은 종교지 과학이 아니다.

둘째, 과학이 경제 발전의 수단으로 '만' 여겨져 온 탓에 다른 나라에서 사용하지 않는 과학 기법을 우리나라에서 사용하는 것이 선진화의 증표처럼 잘못 인식되는 것도 문제다. 선진국에서도 흔치 않은 기법을 우리나라에서 사용했다면, 이것이 우리나라의 과학 수준이 탁월하기 때문인지, 해당 기법을 도입한 조직이 유난히 선진화된 조직이기 때문인지, 혹시 선진국에서 그 기술을 주저할 만한 다른 이유가 있지는 않았는지 따져봐야 한다. 상황이 이런데 시민들은 어떻게 생각하는지도 살펴보고 공개적으로 논의해야 한다. 하지만 이런 논의는 드물다. 시민들의 안전과 권익에 영향을 줄 수 있는 변화임에도 새로이 이런 기술을 썼더라고 일방적으로 통보될 뿐이다.

미국에서는 달랐다. 뇌영상 기술이 거짓말 탐지 기술로 거론되기 시작한 2000년대 초반부터 이 기술이 과학적으로 어느 수준인지, 기술이 시민들에게 받아들여지는 양상이 어떤지, 이 양상으로 미루어 뇌영상 자료들을 어떻게 활용하면 좋을지, 신문과 팟캐스트, 과학 저널 등에서 활발한 논의가 이루어졌다. 뇌과학과 법학, 윤리학 등 여러 분야의 전문성이 필요한 일이기에 자연스럽게 융합이 일어났다. 신경법학이라는 학과와 학회, 저널이 새로 생기고, 관련된 문제를 널리 알리면서(이 과정에서 자연스럽게 대중 과학화가 진행된다) 논의도 심화시켜갔다. 그 결과 2010년대 초반에는 걱정했던 것만큼은 뇌영상 기술이 법정에서 악용되지 않더라는 연구 결과가 발표되었다.

과학과 기술이 사회 제도와 법에 적용되는 일, 기존 사회의 가치와 충돌하는 일은 갈수록 늘어날 것이다. 지금부터라도 뇌영상 기술의 법정 활용을 두고 미국에서 일어났던 것과 같은 활동을 훈련해가야 한다.

8. 과학이 세상을 바꾸는 방법

↳ —

앞선 글에서는 충분한 이해와 공개된 논의없이 과학을 사회에 적용하면 기존 가치와 충돌할 수 있다는 점을 살펴보았다. 이번 글에서는 기존의 가치를 더 잘 실현하기 위해 적극적으로 과학을 활용하는 사례를 소개한다.

—

세상을 움직이는 가정들

말과 행동의 이면에는 수많은 가정이 숨어 있다. 우리는 내일 당장 지구가 멸망하지 않으리라는 믿음, 112에 도움을 요청하면 구해줄 것이라는 믿음, 열차를 타면 예정된 시간에 무사히 목적지에 도착하리라는 믿음, 온라인에서 구입한 물건이 며칠 내로 배송될 것이며 그 물건의 품질이 괜찮을 것이라는 믿음 등 수많은 가정을 하며 살아가고, 그 덕분에 행동할 수 있다. 모든 것이 불확실하다면 아무 결정도 내릴 수 없을 것이다.

인간은 어떤 존재이며 이 세상은 어떤 곳인지에 대한 가정은 종종 사회 구성원들 사이에 공유되며, 이렇게 공유된 가정에 따라 제도와 문화가 빚어진다. 예컨대 성공은 개인의 노력에 달렸다고 믿는 사회에서는 게으름이 빈곤의 원인이라고 보고 사회보장제도가 사회 정의를 해친다고 생각한다. 청소년이 미숙하다고 보는 사회에서는 청소년의 자유와 권리를 제한하는 대신 처벌도 약하게 내린다. 부모의 본능은 자녀 양육에 관한 모든 것을 알려주며 자식에 대한 사랑은 어떤 어려움도 극복하게 할 것이라는 믿음은, 가정폭력에 노출된 아동에 대한 처우, 모성·부성 지원, 발달장애 지원에 영향을 준다.

실험과 관찰을 통한 확인

하지만 실제로는 어떨까? 아무리 논리적이고 치밀한 제도일지라도 검증되지 않은 가정에 근거하는 한, 가정에 근거한 또 다른 가정일 뿐이다. 모든 인간은 완벽하게 이성적이고 철저하게 이기적이며 시장의 보이지 않는 손이 모든 문제를 해결해줄 것이라고 믿었던 과거의 경제학이 그랬다. 잘못된 가정에 근거한 제도는 빈부격차와 독과점 등 부작용을 냈다. 최근에 등장한 행동경제학은 인간의 행동을 직접 관측하며 잘못된 통념을 하나하나 확인해가고 있다.

과학은 인간에 대한 가정, 세상에 대한 가정, 세상 속에서 인간이 차지하는 위치에 대한 가정을 개선하며 사회를 바꿔왔다. 뇌과학도 이런 과정에 참여하고 있다. 예컨대 과거 미국에서는 청소년에게 많은 자유를 보장하는 대신 처벌도 성인처럼 강경하게 집행했다. 하지만 감정을 제어하고 미래를 예측하는 데 중요한 뇌 부위인 전전두엽이 20대 초반을 넘어가야 충분히 발달한다는 사실이 밝혀짐에 따라 청소년에게 내리는 처벌의 정도를 완화했다. (글상자 「청소년 보호법과 뇌 발달」 참고)

최근에는 여기에서 한 발자국 더 나아갔다. 청소년들의 전전두엽은 성인보다 미성숙하지만 그렇다고 해서 모든 청소년이 범죄를 저지르거나 위험에 뛰어들거나 불안증에 빠지지는 않는다. 이에 따라 어떤 사회경제적 요인이 청소년 범죄, 우울, 학습장애로 이어지는지를 살펴보기 시작했다. 성인이 된 후에도 뇌가 바뀔 수는 있지만, 어린 시절에 비해서는 변화의 폭이 적고 더 많은 노력이 필요하기 때문에 유아·아동·청소년의 뇌 발달에 투자하는 것은 사회적으로도 유익하다.

사회경제적 환경과 뇌 발달에 대한 연구를 통해서 인지 능력, 사회성, 감정이 밀접하게 뒤얽혀서 발달하며 어른들과의 바람직한 상호작용이 중요한 역할을 한다는 것이 밝혀졌다. 불안정한 가정환경, 폭력이나 무관심, 영양결핍(생후는 물론 태아기 포함), 조산 등으로 심각한 스트레스를 경험한 아이는 자란 뒤에 학습장애나 감정적 불안을 경험할 확률이 높았다. 건강한 아동 발달을 위해서는 산모의 정신건강을 지원하는 것도 매우 중요했다. 또 도움이 필요한 가정을 기관에서 직접 지원하는 것 이상으로 비슷한 환경에 놓인 가정들이 커뮤니티를 구축하도록 돕는 것이 효과적이라는 사실이 밝혀졌다.

새로운 가정이 사회를 바꾸기까지

하지만 이런 연구가 학술 논문으로 발표되기만 해서는 사회를 바꾸기 어렵다. 사회에 필요한 변화를 실제로 이끌어내려면 연구자, 정책가, 부모, 교육자, 보건의료전문가, 경제학자, 법률가 등 관련된 사람들이 빠르게 정보를 교류하고 의견을 나눌 수 있어야 한다. 또 공개된 논의를 통해 점점 더 많은 사람이 새로운 가정을 공유해야 한다. 그래야 동력이 생기고, 학문적으로는 각광받지 못할지라도(저명한 SCI 저널에 실리기는 어려울지라도) 공공성 측면에서는 중요한 연구를 위한 지원도 늘어난다.

이 역할을 가장 잘해낼 수 있는 곳은 대학으로 보인다. 대학은 전국 곳곳에 있으며, 대학에는 여러 분야의 전문가가 모여 있기 때문이다. 대학은 시민들을 가르치고, 학문적인 토론과 연구를 이끄는 일에도 내공이 있다. 대학 운영에는 공공 자금이 투여되므로 공공 문제 해결에 관심을 가진 시민들을 모아 현장 적용 연구를 진행하기에도 적합하다. 오래전에 대학을 졸업한 어른들이 저녁이면 다시 대학에 모여 반쯤은 재미삼아 뭔가를 배우면서 자기 삶을 가꾸고, 배운 것들로 내가 사는 곳을 좋게 만들 궁리를 하고,

그러다가 한 번쯤은 실험 삼아 뭔가를 만들어도 본다면, 이런 노력이 우리나라 곳곳에서 일상적으로 일어난다면, 정말 신나고 역동적이지 않을까?

청소년 보호법과 뇌 발달

청소년 뇌 발달에 대한 이해가 깊어지면서, 미국에서 청소년 범죄에 대한 형량을 낮추었다는 사실은 앞선 책 『송민령의 뇌과학 연구소』에서도 소개한 바 있다. 뇌과학이 현실의 법과 제도를 바꾸는 사례의 하나로 이 사실을 소개했는데, 청소년 범죄가 갈수록 심해지는 한국에서는 공감받기 힘든 사례였던 모양이다. 강연장에서 청소년 보호법을 거론하며 미국 사례에 대해 질문하는 경우가 제법 있었다. 청와대가 청소년 보호법에 대한 국민청원에 세 차례나 답변했는데도 청원이 계속될 정도로 공분이 심한 상황이니 그럴 만도 했다.

나는 법을 알지도 못하고, 청소년 뇌 발달을 전공하지도 않았기 때문에 '이것이 옳다'라고 결론을 내릴 수는 없다. 하지만 본문에 소개한 '여러 분야의 시민들이 과학에 대한 정확한 이해와 공개된 논의를 토대로 사회를 바꿔가는 과정'의 첫 번째 사례가 청소년 보호법이 될 수는 있겠다고 생각한다. 국민들의 관심이 클 뿐만 아니라, 미국 사례와 방향은 반대지만 소재가 같아서 비근한 선례가 없는 경우보다는 시도하기가 수월할 것이기 때문이다. 언젠가 있을지 모를 이 시도를 위해서, 법은 모르지만 뇌는 조금이나마 아는 내 의견을 정리해보겠다.

청소년 보호법은 범죄자에게만 초점을 집중하는 것으로 보인다. 구형하려고 보니 범죄자가 어리고 미숙하여 처벌을 경감하는 것이다. 타당한 말이지만 시야를 피해자와 그 주변으로 넓혀보면 이야기가 조금 달라질 수 있다.

먼저 청소년 범죄의 피해자가 청소년인 경우를 생각해보자. 청소년기는 정서적으로 취약한 시기다. 연구에 따르면 사회 불안 장애social anxiety disorder의 50퍼센트가 만 13세 이전에, 90퍼센트가 만 23세 이전에 시작된다고 한다. 이런 경향은 다른 동물들도 마찬가지여서, 사람은 물론 생쥐도 청소년기에 경험한 공포는 아동기와 성인기에 경험한 공포에 비해서 잘 극복하지 못한다고 한다. 또 동년배의 영향을 많이 받는다. 만 11세에서 16세 사이의 청소년들은 사회적으로 배제될 때 성인과 아동보다 큰 고통을 느낀다고 한다. 그렇다면 피해자가 청소년일 때는(가해자가 청소년일지라도) 처벌의 정도를 늘려야 하지 않을까? 비슷한 강도로 사람을 때렸는데 피해자가 노인이라서 뼈가 부러졌다면 피해자가 건장한 성인 남성이어서 별로 다치지 않은 경우보다 더 강하게 처벌하는 것처럼 말이다.

가해 청소년의 주변도 살펴보자. 청소년기에는 동년배들 간의 사회적인 자극에 민감하게 반응하며 사회성에 관련된 뇌 부위들이 발달한다. 오죽했으면 청소년기를 '사회성의 민감한 시기'라고 부르는 학자들이 있을 정도다. '민감한 시기sensitive period'란 특정 종류의 자극에 민감하게 반응하며 해당 자극과 관련된 뇌 부위들이 크게 발달하는 기간을 뜻한다. 과거에는 '결정적 시기'(예: 언어의 결정적 시기)라는 표현을 사용했으나, 이 기간을 지나도 뇌 변화가 불가능하지는 않다는 사실이 밝혀짐에 따라 '민감한 시기'라는 순화된 표현을 사용하고 있다. 청소년 보호법은 가해자와 피해자에게 사회적으로 어떤 처우가 내려지는지를 지켜보는 주변 청소년들의 사회성과 규범 습득에 영향을 줄 수 있다.

이 내용을 토대로 청소년 보호법을 논의하려면 다음 조건들이 갖춰져야 한다. ① 피해자가 청소년일 때 피해가 얼마나 더 큰지, 주변 청소년들이 어떤 영향을 얼마나 받는지 연구되어야 한다. ② ①

을 분명하게 이해한 뒤, 우리 사회는 어떤 가치를 추구하는지(「거짓말 탐지기는 거짓말을 안 할까」 참고)를 논의해야 한다. ③ ①과 ②를 통해 나아갈 방향을 정한 뒤에는, 법과 법의 집행 방식을 논의해야(4-7. 「과학이 세상을 바꾸는 방법」 참고) 한다. 법을 비롯한 사회적인 약속은 가치 기준과 과학적 사실에 따라 사람들이 합의를 통해 정하는 것이기 때문이다. ④ ③의 결과로 얻어진 법이 현실에서 어떤 효과를 내는지 관측하고, 예상과 다르게 작동한다면 수정하면서 길을 찾아가야 한다.

청소년 보호법을 어떻게 바꾸어야 한다고 주장할 수는 없지만, 한 가지는 분명히 말할 수 있다. 인공지능, 빅데이터, 기후변화 등 기술과 과학이 사회 구석구석을 바꿔가는 시대에, 이런 경험을 해본 나라와 해보지 않은 나라의 역량은 크게 달라질 수밖에 없다는 걸.

인간에 대한 인간의 이해는 인간을 모사한 피조물에 반영된다.
이렇게 만들어진 피조물들에 대한 연구는 다시 인간에 대한 이해를 발전시킨다.
최신 인공지능은 뇌 속 신경망을 모방하며 빠르게 발전하고 있다.
과거에 컴퓨터와 인간을 비교하며 인간을 오해하고 또 이해했듯이, 우리는 인공지능과 인간을 비교하며 인간을 오해하고 또 이해하게 될 것이다.

1. 뇌과학을 통해 발전하는 인공지능

ㄴ—

어느 해외 학회에서 학자들이 언성을 높이며 다투었다고 한다. 인공지능 전문가들이 뇌 신경망이 할 수 있는 것은 인공신경망으로 모두 구현할 수 있다고 주장하자, 뇌과학자들이 '무슨 말도 안 되는 소리냐'라며 발끈했기 때문이다. 인공지능보다는 뇌과학에 훨씬 더 가깝고, 언성 높여 다투었다던 학자들에 비해서는 한참 꼬맹이인 나는 소심하게 구글 딥마인드의 CEO 허사비스의 논문을 인용해본다. 인공지능과 뇌과학 둘 다에 정통한 그는 '인간 수준의 지능이 가능함을 증명하는 유일한 것이 사람의 뇌이므로 사람 뇌의 작동을 이해하는 것이 인공지능 연구에 유용하다'라고 강조했다.

—

해마는 구체적인 사건을 기억하는 데 중요한 뇌 부위다. 그런데 2007년에 해마가 손상된 환자들에게는 과거의 기억을 회상하는 것뿐만 아니라 새로운 경험을 상상하는 일도 어렵다는 논문이 발표되었다. 예컨대 해마가 손상된 환자들에게 아름다운 열대 해변에 있다고 상상하고 상황을 묘사해달라고 요청했더니, 이들의 묘사는 빈약하고 일관되지 않았다. 과거 사건의 기억에 관련된 해마와 새로운 경험에 대한 상상을 연결 짓다니 정말 참신한 논문이라고 생각했다.

뇌를 참고하는 인공지능

이 논문의 1저자가 어떤 사람인지는 무려 9년이 지나서야 알게 되었다. 어떤 연구를 해온 사람이면 알파고 같은 걸 만들 수 있는지 찾아보다가 그 2007년 논문을 발견한 것이다. 그 인상 깊었던 뇌과학 논문의 1저자는 알파고를 만든 딥마인드의 최고경영자 데미스 허사비스였다. 허사비스는 최근까지도 뇌과학 연구를 계속하고 있었다. 인공지능을 만드는 사람이 뇌 연구는 왜 하는 걸까? 인간의 뇌는 인간 수준의 지능을 구현하는 유일한 사례다. 따라서 뇌의 구조와 원리를 참고하면 인공지능 개발에 필요한 영감을 얻을 수 있다. 예컨대 알파고에 사용된 심화학습은 뇌 신경망을 모방해서 만든 인공신경망을 사용하고 있다. 뇌 신경망은 부위별로 구조가 다르고 구조에 따라 기능도 달라지는데, 심화학습은 여러 뇌 부위 중에서도 시각 뇌의 구조적 특징을 많이 참고하고 있다. 심화학습을 사용하는 인공지능이 사물 인식에서 특별히 탁월한 것도 이 때문이다. 허사비스가 연구했던 해마에는 뭔가 참고할 만한 점이 없을까?

신피질과 해마의 학습

먼저 해마가 시각 뇌가 위치한 신피질neocortex과 어떻게 다른지부터 살펴보자. 신피질에서는 어떤 자극이 입력되었을 때 활성화되는 신경세포들의 비율이 10퍼센트 정도다. 자극에 반응하는 신경세포의 비율이 10퍼센트나 된다는 것은, 이번에 활성화된 신경세포가 다음에 다른 자극이 들어올 때도 활성화될 확률이 높다는 뜻이다. 이렇게 하나의 신경세포가 여러 자극에 반응하도록 만들어진 신피질의 구조는 다양한 정보를 통합해서 지식을 구축하기에 유리하다.

신피질의 느린 학습 속도도 지식을 습득하기에 유리하다. 신피질에서처럼 하나의 신경세포가 여러 자극에 반응하다 보면 이번에 배운 정보가 다음에 다른 자극을 경험하는 동안 지워질 수 있다. 이렇게 새로운 경험이 이전에 배운 내용을 지워버리면 누적된 경험을 통합해서 지식을 습득할 수가 없다. 하지만 학습 속도가 느리면 다른 자극을 경험하더라도 이전에 배운 내용이 모두 지워지지는 않는다. 운 좋게 이전과 비슷한 자극이 경험되면 이전에 학습한 내용이 강화되기도 한다. 이런 과정으로 얻어진 지식에는 "구름은 자주 보이지만 일식은 드물다, 아이스크림과 달달함은 자주 연관되지만 장미와 식초는 좀처럼 연관되지 않는다"처럼 환경의 통계적인 특성이 반영되어 있다.

반면 해마는 어떤 자극이 입력되었을 때 활성화되는 신경세포의 비율이 약 1퍼센트에 불과하다. 그래서 신피질처럼 서로 다른 정보를 통합하기에는 부적합하다. 하지만 서로 다른 사건들을 따로따로 기억하기에 좋다. 해마가 '이번 휴가에 있었던 일'처럼 구체적인 사건을 기억할 수 있는 것은 이런 구조 덕분이다. 정보를 기억하는 해마는 지식을 습득하는 신피질과는 달리 학습 속도가 빠르다. 해마가 신피질처럼 학습이 느려서야 매 순간 축적되는 새로운 경험을 기억할 수 없을 것이다. 이처럼 뇌 속에는 개별 경험을 빠르게 습득하는 해마와, 환경의 통계적 특성이 반영된 지식을 서서히 구축하는 신피질이 협력하고 있다. 하지만 이것만으로는 부족하다. 자주 경험되지는 않지만 빠르게 습득해야 할 중요한 지식도 있기 때문이다. 예컨대 한 아이가 옆집 강아지를 통해서 개는 친근한 동물이라는 지식을 습득했다고 하자. 이 아이가 어느 날 무섭고 공격적인 개와 마주쳤다면, 아이는 무서운 개를 여러 번 마주치지 않고도 개에 대한 지식을 수정한다. 어떻게 이런 일이 가능할까?

새로운 지식과 기존 지식의 절묘한 보완

우리가 잠자거나 쉬는 동안, 해마는 깨어 있을 때 경험한 일들을 뇌 속에서 빠르게 재생replay한다. 예컨대 쥐 한 마리가 A → C → B라는 세 군데 위치를 지나서 B 위치에서 맛있는 치즈를 발견했다고 하자. 그러면 이 쥐가 쉬는 동안 해마에서는 A, C, B를 지나는 동안 일어났던 신경세포들의 활동이 실제 속도의 약 20배로 재생된다. 이렇게 빠른 속도로 재생하면, 시간적으로 분리되어 있던 정보들이 압축되어 신경세포들이 학습하기 좋아진다. 또 짧은 시간 동안 여러 번 복습하기에도 유리해진다.

해마는 경험한 모든 일을 같은 빈도로 재생하지는 않는다. 새롭거나 놀라운 일, 맛있는 치즈처럼 보상이 되는 일, 무서운 개처럼 감정적인 반응을 일으킨 사건을 더 자주 재생한다. 따라서 해마의 재생은 중요하지만 드문 정보를 신피질에 여러 번 제공해서, 새로운 정보가 빠르게 기존 지식에 포섭되도록 도울 수 있다. 참으로 절묘하지 않은가? 구조가 다른 뇌 부위들이 각기 다른 학습에 참여하고, 감정과 해마의 재생처럼 단점을 보완하는 장치까지 있다니 말이다.

중요한 정보를 반복 학습할 수 있게 해주는 해마의 재생 기능은 인공지능에 도입되어 활용되고 있다. 최신 인공지능에 비해 쭈글쭈글한 뇌는 어쩐지 폼이 나지 않지만, 그럼에도 불구하고 이렇게 신통하다는 말씀!

인공지능을 통해 발전하는 뇌과학

뇌과학의 편을 한 번 들었으니, 이번에는 인공지능의 편을 들어보자. 뇌 속에는 수많은 신경세포가 복잡한 네트워크를 형성하고 있다. 이렇게 거대한 데이터를 처리하기 위해 뇌과학 연구에서는 인공지능이 갈수록 많이 활용되고 있다. 인공지능도 뇌과학의 발전을 돕는 셈이다.

인공지능이 뇌과학의 발전을 이끄는 다른 방법도 있다. 바로 역공학reverse engineering 이다. 뇌과학 연구를 하면 신경계가 '어떻게' 동작하는지 알아갈 수는 있지만, 신경계가 '왜' 그렇게 동작하는지는 알기 어렵다. 신경계가 '왜' 그렇게 동작하는지는 신경계와 유사한 무언가를 구현해보는 역공학을 통해 더 분명하게 드러난다. 어떤 특징이 어느 때 나타나는지, 이 특징이 없으면 어떤 일이 일어나는지 실험해볼 수 있기 때문이다. 오늘날에는 인공지능 연구가 뇌 연구를 위한 역공학 역할을 할 수 있다. 최신 인공지능은 뇌 속 신경망을 모방한 인공신경망을 활용하기 때문이다.

구글 딥마인드가 2018년 《네이처》에 출간한 연구도 이런 경우에 해당한다. 공간 탐색에 관여하는 뇌 부위에는 동물이 공간에서 육각형 격자의 꼭짓점에 해당하는 위치에 있을 때마다 활성화되는 신경세포들이 있다. 이 신경세포들을 그리드 세포grid cell라고 부른다. 그림1은 동물이 사각형 모양의 공간에 있을 때, 어느 그리드 세포의 활동 양상을 보여준다.

동물이 빨간색으로 표시된 위치에 있을 때는, 이 그리드 세포의 활동이 높고, 파란색으로 표시된 위치에 있을 때는 활동량이 낮다. 빨간 색으로 표시된 부분들을 연결하면, 서로 겹치는 육각형을 여러개 그릴

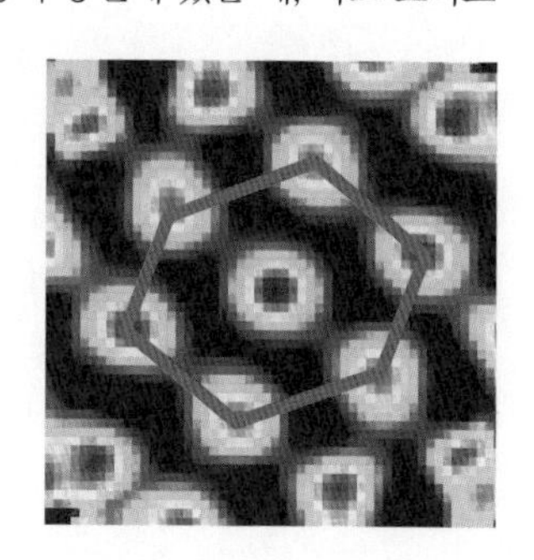

그림1 어느 그리드 세포의 활동.

수 있다. 그리드 세포의 활동은 이처럼 동물이 육각형 격자의 꼭짓점에 해당하는 위치에 있을 때마다 활성화된다. 육각형의 크기와 위치는 그리드 세포마다 다를 수 있다.

2005년에 발견된 이 세포들은 뇌 속에서 공간이 어떻게 표현되는지에 대한 이해를 높여주었고, 2014년에는 이 세포들을 발견한 연구팀에 노벨 생리의학상이 수여되기도 했다.

그리드 세포의 독특한 활동 패턴은 동물이 움직이는 방향과 속도에 대한 정보를 받아서 생겨난다. 뇌과학자들은 그리드 세포들의 활동이, 동물이 자신의 위치를 파악하고, 방향을 활용해서 길을 찾는 데 유용할 것이라고 추론해 왔다. 방향을 활용한 길찾기란, 길을 외워서 목적지에 가는 것이 아니라, 새로 생긴 지름길을 활용하는 등 방향을 활용해서 길을 찾는 것을 말한다. 하지만 이 추론이 실제로 실험된 적은 없었다.

딥마인드 연구팀은 그리드 세포에 착안해서 가상 공간을 탐색하는 인공지능을 만들었다. 이 인공지능은 움직이는 방향과 속도를 고려해서 자기가 지금 어디에 있고, 어느 방향으로 향하고 있는지를 추론하도록 디자인되었다. 연구팀은 이 인공지능의 인공신경망에서 그리드 세포처럼 활동하는 단위가 저절로 생겨나는 것을 발견했다. 이 단위들은 인공지능이 가상 공간에서 육각형 격자의 꼭지점에 있을 때 출력이 커졌다. 전통적인 컴퓨터는 사람이나 동물만큼 길찾기를 잘하지 못한다. 특히 방향을 활용해서 길을 찾는 데 서툴러서, 중간에 방해물이 없어지고 지름길이 생겨도 가던 길만 고집하곤 했다. 하지만 그리드 세포를 가진 심층 인공신경망은 공간을 탐험하며 목표를 수행하는 데 뛰어난 능력을 보였으며, 특히 방향을 활용해서 빠른 길을 찾아내는 데 탁월했다. 한편 그리드 세포에 해당하는 단위들을 강제로 꺼두었을 때는 인공지능의 길찾기 능력이 크게 약해졌다.

이 시뮬레이션 결과는 뇌 속 그리드 세포가 방향을 활용해서 길을 찾는 데 결정적인 역할을 할 것임을 시사한다. 뇌 속 신경망을 모방해서 만든 인공신경망이 뇌 속 신경망에 대한 이해를 높여준 셈이다. 물리학자 리처드 파인먼Richard Feynman은 "내가 그것을 만들어낼 수 없다면, 나는 그것을 이해하지 못한 것이다"라고 말한 적이 있다. 뇌를 모방한 인공지능을 만들면서, 우리는 우리 자신에 대해 더 깊게 이해하게 될 모양이다.

2. 인간만의 영역

ㄴ —

'호모사피엔스 참 별거 없네.'

뇌를 모방해서 만든 신경모방칩으로 사람이 하는 일들을 잘할 수 있게 만든 인공지능을 보며 불현듯 떠오른 생각이다. 오랜 세월, 사람들은 인간만이 할 수 있다고 여겨지는 활동(예: 예술적인 창조, 도덕적인 판단, 공감)을 가치 있게 여겼다. 하지만 다른 동물에 대한 이해가 진전되고 인공지능이 발전하면서, '인간만의 영역'에 대한 생각은 흔들리고 있다. 인간도 결국은 그러하도록 만들어진 자연의 일부였다.

—

우리는 하드웨어와 소프트웨어라는 구분에 익숙하다. 하지만 뇌에서는 구조가 곧 기능이다. 신경세포는 나뭇가지처럼 생긴 구조물(수상돌기와 축색돌기)을 뻗어서 다른 신경세포와 신호를 주고받는데 이 구조물의 모양에 따라 신경세포의 활동 양상이 다르다. 신경세포 내부에서 정보를 전달하는 중요한 방법 가운데 하나가 세포막을 따라 전기 신호를 이동시키는 것인데, 신경세포의 모양에 따라 전기 신호가 전파되는 양상이 다르기 때문이다. 그래서 신경세포의 종류에 따라 신경세포의 모양이 다르며, 신경세포의 모양이 변하면 신경세포의 활동 양상도 달라진다.

이처럼 구조와 기능이 긴밀하게 연결되어 있기 때문에 뇌를 이해하려면 신경세포의 형태와 신경세포들 간의 연결을 파악하는 것이 중요하다. 얼핏 생각해보면 신경세포의 생김새처럼 기본적인 내용이야 이미 다 밝혀져 있을 것 같지만 그렇지 않다.

2015년 출간된 한 연구에서는 생쥐의 뇌를 29나노미터 두께(머리카락 굵기의 약 3,000분의 1)로 얇게 자르고, 각 조각에서 신경세포들을 하나하나 표시한 뒤, 이 조각들을 다시 3차원 이미지로 합성해서 신경세포들의 구조와 연결을 살펴보았다. 'Crammed with connections'라는 제목의 3분짜리 유튜브 영상에서 이 결과를 볼 수 있는데, 나는 이 결과를 처음 보았을 때 거의 배신감을 느꼈다. 그동안 논문도 제법 읽고 뇌과학 수업도 여럿 들었건만, 신경세포들이 이 정도로 복잡하게 얽혀 있으리라고는 상상도 못 했기 때문이다. 내가 교과서에서 본 건 대개 하나의 신경세포에서 뻗어져 나온 축색돌기가, 다른 신경세포의 수상돌기와 연접해 하나의 시냅스를 형성하는 그림이었다. 하지만 영상에서는 너무나 많은 신경세포가 빈틈없이 얽혀 있었고, 하나의 시냅스 근처에도 너무 많은 신경세포가 다닥다닥 붙어 있었다.

이 결과에 놀란 것은 연구를 진행한 연구자들도 마찬가지였다. 연구자들은 서로 다른 신경세포를 각기 다른 색깔로 표시했는데 너무 많은 신경세포가 얽혀 있다 보니 연구자들은 마땅한 색깔을 찾는 데도 애를 먹었다. 사람의 눈이 서로 다른 색깔로 인식할 수 있는 색깔의 가짓수에는 한계가 있기 때문이다. 수십 년을 살고도 나도 다 알지 못하는 내 속에는, 열 길 물속은 알아도 모른다는 한 길 사람 속에는, 과연 그럴 만한 복잡함이 있었던 모양이다.

뇌를 모방한 소프트웨어와 하드웨어

어떻게 만들어져 있는지가 어떻게 동작하는지를 결정하는 데 중요하다는 사실은 뇌를 모방해서 만든 인공신경망(소프트웨어)에서도 드러난다. 알파고에도 사용된 심화학습(딥러닝)은 뇌 속 신경망을 모방해서 만들어졌다. 심화학습이 시각 인식에 특별히 탁월한 것은 심화학습이 시각 뇌의 구조적인 특징을 많이 참고하고 있기 때문이다.

신경망을 모방한 컴퓨터 칩(하드웨어)도 연구되고 있다. 2014년 IBM에서 나온 트루노스TrueNorth라는 신경모방칩이 그 예다. 실제의 신경세포는 다수의 신경세포들의 입력을 받고, 입력 총합이 문턱값을 넘어설 때만 출력을 낸다. 이 신경모방칩도 실제의 신경세포와 유사하게 동작하는 실리콘 신경세포들로 구성되었다. 뇌의 신피질에는 비슷한 정보를 나타내는 신경세포들이 작은 원기둥 구조 안에 모여 있고, 이런 원통들이 병렬로 늘어서 있다. 이와 유사하게, 256개의 실리콘 신경세포들을 긴밀하게 연결해서 뇌 속의 원기둥과 비슷한 코어를 만들고, 이런 코어 4,096개를 모아 신경모방칩을 만들었다. 신경모방칩에서는 정보처리에 참여하는 실리콘 신경세포가 출력을 내보낼 때만 전력을 소모한다. 따라서 기존의 컴퓨터 칩에 비해 전력을 훨씬 적게(약 1,000분의 1) 소모한다. 그뿐 아니라 기존의 컴퓨터보다 심화학습에 부합하는 특징을 더 많이 가지고 있다. 신경모방칩을 사용하면 길 찾기, 공간 탐색 등 기존의 컴퓨터로는 어렵던 일도 더 쉽게 해낸다고 한다.

뇌가 몸 안에 있듯이, 정보처리장치에 몸을 부여하면 여기서 한 발 더 나아간다. 로봇이 몸체를 움직일 수 있게 하고, 몸체를 움직여서 생긴 효과를 확인할 수 있게 하면(예: 동공을 왼쪽으로 움직이면 왼쪽이 보인다) 로봇은 시뮬레이션과 시행착오를 통해 '자기' 몸체가 어떻게 생겼는지를 스스로 파악해간다. 이렇게 하면 사고 현장에 보낸 로봇이 고장 나더라도, 로봇이 스스로 고장 된 부위를 확인하고 그에 맞는 새로운 움직임을 찾아낼 수 있다. 유용한 기술이기는 하지만, 이 연구는 로봇에 어떤 식으로든 '자기'라는 개념이 생길 수 있음을 보여준다.

스스로 그러한 자연

이런 기술들을 보면 호모사피엔스 참 별거 없다는 생각에 허탈

해진다. 인간과 비슷한 구조로 만들면 인공지능도 인간과 비슷하게 동작한다. 우리는 인공지능에 대한 새로운 소식을 접할 때마다 '인간만의 영역'이 침해되는 게 아니냐며 우려했지만, 어쩌면 '인간만의 영역' 따위는 처음부터 없었을지도 모르겠다. 인간은 만물의 영장이라며 으스댔지만, 사실 인간도 스스로 그러하도록 만들어진 자연의 일부였다.

호모사피엔스는 인간중심적인 관점에서 생태계를 대해왔다. 인간의 기준에서 감정을 정의하고, 동물들에게는 감정이 없으니 함부로 대해도 좋다고 여기던 때도 있었다. 생태계를 지탱하던 수많은 생물이 멸종했지만 당장은 별문제가 없기도 했다. 기술의 힘을 가진 인간에게 동물들이 대적할 수는 없었으니까. 그런데 힘을 가진 인공지능이, 사람이 생태계를 대했던 방식으로 인간을 대하면 어떻게 될까? 인공지능은 인간의 사고방식이 담긴 자료로 학습하고 그에 따라 동작한다. 생물다양성이 빠르게 훼손되는 요즘, 인공지능 덕분에(혹은 때문에) 비로소 우리 자신을 돌아보게 될지도 모르겠다.

3. 인공지능과 인간의 경계

ㄴ —

'인간만의 영역'이 존재하지 않는다면, 무엇을 기준으로 인간과 인간이 아닌 것을 구별할 수 있을까? 인간과 인간이 아닌 것을 구별하는 방법보다는 굳이 구별하려는 이유가 더 중요할지도 모르겠다. 어딜 봐도 명백한 호모사피엔스를 두고 '저건 인간도 아니야!'라고 말할 때가 있는 것처럼, '인간'이라는 단어는 '우리 집단에 끼워주어 함께 지내고 싶은 존재'라는 의미로도 쓰인다.

—

회피할 수 없는 일에 대한 두려움

"삐~" 하는 소리를 들려준 뒤에 쥐의 발에 전기 쇼크를 주는 실험을 생각해보자. 그러면 이 쥐는 나중에 "삐~" 소리만 듣고도 두려움에 떨게 된다. 실험을 조금 바꾸어서, 쥐가 "삐~" 소리가 들리는 동안 옆방으로 이동하면 전기 쇼크가 전해지지 않는 경우를 생각해보자. 몇 번의 시행착오 끝에 옆방으로 이동하면 전기 쇼크를 피할 수 있다는 사실을 학습한 쥐는, "삐~" 소리를 들어도 예전만큼 떨지 않게 된다. 심지어 옆방으로 가는 길이 막혀서 이동할 수 없을 때조차 쥐들은 예전만큼 떨지 않는다고 한다. 능동적으로 피할 수 있는 일은 통제가 불가능한 일보다 덜 두렵다는 의미일 것이다.

사람들도 능동적으로 바꿀 수 없는 것의 영향 아래 놓일 때 두려움을 느낀다. 인공지능이 발전하는 상황을 보면서 느끼는 두려움도, 일정 부분은 내가 통제하거나 영향을 줄 수 없다는 생각에서 비롯된다. 인공지능은 나에게 추천되는 상품의 종류, 나의 개인정보, 장래 직업군, 서비스 품질(예: 속 터지는 인공지능 자동 응답기) 등 온갖 것들에 영향을 끼친다. 그런데도 인공지능의 발전을 막기 어려워 보이고, 이놈의 기계는 죽일 수도, 굶길 수도, 아프게 할 수도 없으니 무섭고 조심스러울 수 있다.

무엇이 인간일까?

이러니 인공지능을 제도적·윤리적으로 제어해야겠다고 생각하게 되는데, 이 또한 쉽지 않다. 무엇이 인간인지부터가 명확하지 않기 때문이다. 예전에는 고철로 된 기계나 여타의 동물들과 대비해 인간을 이해하곤 했다. 기계는 특정한 목적을 가지고 만들어지며 만들어진 대로 동작하는 반면, 인간은 그 자체로 존엄하며 자유 의지를 가지고 행동한다고 믿었다. 한편 동물들은 사람과 달리 도덕성과 창조성이 없으며 지능이 떨어진다고 믿었다.

하지만 연구가 계속되면서 사람에게 자유 의지가 있는지 의심할 만한 사례들이 축적되었다. 사람은 몸과 주위 환경과 무관하게 독립적으로 사고하는 존재가 아니었다. 더욱이 겉으로 드러나는 행동만 보아서는 인간인지 기계인지 구별하기가 점점 더 어려워졌다. 2016년 조지아공대에서 진행한 온라인 수업을 듣던 학생들은 몇 개월 동안이나 조교 질 왓슨Jill Watson이 사람이 아닌 인공지능임을 알아차리지 못했다. 특정한 기능을 잘하는지 못하는지를 두고 인간과 기계를 구별하기가 어려워진 것이다.

인공지능이 '창조' 영역인 작곡을 한다는 사실이 알려지자, '인간만의' 영역이라는 게 애당초 있기는 한지에도 의문을 품게 되었다. 시각 뇌를 모방해서 만든 심화학습은 시각 인식 능력에서 사람보다 탁월한 능력을 보인다. 뇌 속 신경망을 모방해서 만든 신경모방칩을 사용하면 전통적인 컴퓨터가 잘하지 못했던 길 찾기도 잘한다고 한다. 기계도 사람처럼 만들면 사람처럼 작동했던 셈이다.

또한 예상과는 달리 동물에게도 이타심이 있다는 사실이 밝혀졌다. 심지어 쥐조차 다른 쥐가 갇혀 있으면 그 쥐를 꺼내주려고 노력한다고 한다. 또 '인간은 다른 동물과 달리 이성적인 존재'라며 자부심을 느끼기에는 인간이 그렇게까지 이성적인 존재가 아니었다. 행동경제학에서 밝혀낸 것처럼 인간도 종종 비이성적인 행동을 했다. 이러한 사실들은 인간이 별스럽기는 하지만 여전히 동물이며, 그래봤자 생명의 나무의 한 가지일 뿐이라는 사실을 암시한다.

이처럼 인간과 다른 동물들에 대한 이해가 진전되고, 인간처럼 행동하는 기계를 만드는 기술이 발전하면서 인간에 대한 기존의 정의가 흔들리고 있다. 이 와중에 인간의 영역도 확장되고 있다. 인공 의수, 인공 장기 연구가 활발해지면서 기계 부품을 교환하듯이 사람 신체의 일부를 교환하는 것이 가능해졌다. 요즘에는 최신 의족을 착용하는 것이 호모사피엔스가 타고난 다리로 달리는 것보다 더 유리하지 않으냐는 주장까지 나오고 있다. 단백질과 지방으로 구성된 몸이 특권이 아닌 시대가 가까워지는 것이다. 이렇게 인간에 대한 통념이 뒤흔들리니, 많은 사람이 혼란을 느끼는 것도 당연하다.

어떤 인간(사회)이기를 원하는가

인공지능과 인간이 '같다/다르다'라는 판단은 지식(혹은 주된 관심)의 범위가 변하는 한 계속 변할 수밖에 없다. 예를 들어서 어떤 인공지능 로봇이 A·B·X로 구성되고 인간이 A·B·C로 구성된다고 해보자. 그러면 우리의 지식(혹은 주된 관심)이 A·B까지일 때는 이 인공지능과 인간이 '같아' 보일 것이다. 하지만 우리 지식(혹은 주된 관심)의 범위가 A·B·C까지 늘어나는 순간 이 인공지능 로봇은 인간과 '달라' 보일 것이다.

그러니 어차피 변할 수밖에 없는 '같다/다르다'에 대한 판단은 보류하고, '어떤 인간(사회)이기를 원하는지'를 살펴보자. 실제로 '인간'이라는 단어의 용례를 살펴보면 '인간'에는 '우리 집단에 속할 자격, 누구를 우리 집단에 끼워주고 누구는 끼워주지 말까'라는 의미가 포함된다. 그래서 애완견을 '가족'으로 여기는가 하면, 멀쩡한 호모사피엔스를 비인간화해서 르완다 사태와 같은 학살이 일어나기도 한다. "저건 인간도 아니야"라는 말도 함께하고 싶지 않은 사람에게 하는 표현이다.

"저 사람 변했어"라는 말도 그 사람의 물리적인 구성이 변했을 때가 아닌, 인품이 변했을 때 자주 쓰인다. 오랜만에 만난 친구가 살이 쪘거나 음식 취향이 변했다거나 기억력이 조금 약해졌다고 해서 "저 사람 변했어"라고 하지는 않는다. 인종차별주의자가 아니던 친구가 인종차별주의자가 되었다거나 불성실하던 친구가 아주 성실해졌거나 할 때, 사람이 변했다고들 한다. 같이 지내기에 어떤 사람인지가 '인간'(또는 '사람')을 규정하는 데 가장 중요한 특정이었던 셈이다.

어쩌면 인공지능과 인간 사이의 선 긋기도 "무엇(누구)을 '우리'에 포함시킬까, 쟤들을 '우리'에 포함시키면 쟤들도 '나'를 '우리'의 일원으로 아껴주고 존중해줄까, 끼워주자니 걱정되는데 어떻게 하면 같이 잘 지낼 수 있을까"를 고민하는 과정일지 모르겠다.

4. 한 사람의 태도가 세상에 미치는 영향

↳ —

도덕이나 공정함 같은 단어들은 추상적이고 모호하며 사람마다 정의가 미묘하게 다르다. 더욱이 이런 단어들에는 여러 가지 가치 판단과 감정까지 얽혀 있어서 깔끔하고 검증 가능한 논의가 어렵다. 여러 인공지능의 상호작용에 대한 연구는 이런 혼란을 피하면서도 추상적인 당위를 실험해볼 수 있는 수단을 제공한다. 또 다른 사람(혹은 함께 어울리고 싶은 다른 존재)들과 어떻게 지내면 좋을지 힌트를 준다.

—

기원전 440년경 중국에서 태어난 양자楊子라는 사람이 이런 말을 했다. "귀는 소리의 울림을 원한다. 귀에 소리를 들려주지 않으면 청각의 발달을 억누른다. 눈은 아름다움과 색깔을 보기를 원한다. 눈에 이것들을 보여주지 않으면 시각의 발달을 억누른다." 이 글을 읽고 놀랐다. 뇌과학적으로 완벽하게 타당한 내용이기 때문이다. 실제로 멀쩡한 눈과 귀를 가지고 태어나도 유아기에 충분한 시각 자극과 청각 자극을 경험하지 못하면, 보지 못하고 듣지 못하게 된다. 경험을 통해 시각 정보와 청각 정보를 처리할 수 있는 구조로 뇌 속 신경망이 다듬어져야 하기 때문이다.

매일의 경험이 주는 피드백을 통해 뇌는 어제 다르고 오늘 다르게 변해간다. 그런 작은 변화들이 이어져서 어느 틈에 다른 음악을 듣고, 다른 말과 행동을 하며 살아가게 된다. 이런 변화를 다수의 사회 구성원이 공유하면 문화가 변한다. 학창 시절에 좋아했던 연예인의 사진을 보고 촌스러움에 깜짝 놀라는 것도 이런 이유 때문일 것이다.

협력과 경쟁의 강화학습

경험에 따라 유연하게 변하는 성질은 신경계의 핵심적인 특징 중 하나이지만, 변화의 방향이 무작위적인 것은 아니다. 긍정적인 피드백을 최대화할 수 있는 행동은 숙련시키고, 부정적인 피드백을 받았던 행동은 줄이는 방향으로 변화가 일어난다. 이를 강화학습이라고 부른다. 강화학습은 인공지능과 관련해서 자주 언급되는 분야인 기계학습의 한 부분이다.

알파고는 하나의 행위자에게 강화학습을 시켜서 바둑을 두게 만든 경우다. 하지만 한 환경에서 여러 행위자를 학습시키는 상황도 고려해볼 수 있다. 이렇게 하면 자신의 이해를 최대화하려는 개별 행위자가 다른 행위자들과 어떻게 협력하고 경쟁하는지 살펴볼 수 있다. 어떤 조건에서 어떤 행동이 더 많이 나타나는지 살펴봄으로써 인간의 도덕성에 대한 통찰도 얻을 수 있다.

최근의 한 강화학습 연구에서는 여러 행위자가 사회적인 딜레마 상황에서 어떻게 행동하는지를 살펴보았다. 첫 번째 실험에서는 두 행위자가 각자 최대한 많은 사과를 먹어야 했다. 각 행위자는 매회 사과를 모을 수도 있고, 상대 행위자를 빔으로 쏠 수 있었다. 상대가 쏜 빔을 피할 수도 있지만, 못 피하고 두 번 맞으면 일정 시간 동안 사과를 먹을 수 없었다. 행위자가 먹어서 사라진 사과는 일정 시간이 지나면 다시 자라났다. 각자 노력하거나 경쟁자를 없애는 두 가지 전략이 가능한 상황인 셈이다. 연구자들은 사과가 천천히 자라고(환경이 풍족하지 못하고) 빔에 맞은 뒤 회복이 더딜 때(경쟁의 효과가 클 때), 상대방을 빔으로 공격하는 행동이 늘어난다는 사실을 발견했다. 먹고살기 각박한 상황에서 아귀다툼이 일어나는 것은 사람이나 인공지능이나 마찬가지인 모양이다.

두 번째 실험에서는 두 늑대가 각자 더 많은 사냥감을 얻어야 했다. 하지만 혼자 사냥할 때보다, 두 늑대 모두 사냥감으로부터 일정한 반경 이내에 있을 때 더 큰 보상을 얻을 수 있었다. 각자 노력하거나 서로 협력하는 두 가지 전략이 가능한 셈이다. 이 경우 협력을 통한 보상이 클수록, 제한 반경이 커서 협력이 쉬울수록, 각자 행동하는 비율이 줄고 협력이 늘었다. 경쟁과 협력 중 어느 전략이 더 유리한 환경인가에 따라서 인공지능의 사회적인 행동도 달라진 셈이다. 이는 사회가 경쟁과 협력 중 어느 쪽을 더 포상하는지에 따라 사회 분위기가 달라질 수 있음을 시사한다.

연구자들은 개인의 특성이 사회적인 행동 전략에 어떤 영향을 주는지도 살펴보았다. 실험 결과, 상대 행위자와의 경험을 전략에 풍부하게 반영할 수 있는 개인일수록 사과 모으기 게임에서는 덜 공격적이고, 늑대 사냥 게임에서는 더 협력적인 행동을 보였다. 이는 사과 모으기 게임에서 상대방의 빔 공격을 피하거나, 늑대 사냥 게임에서 상대와 협력하는 방법을 더 잘 습득할 수 있기 때문으로 풀이된다. 실제로 늑대 사냥 게임에서는 다른 늑대를 찾은 뒤에 함께 움직이거나, 사냥감을 찾은 뒤에 다른 늑대를 기다리는 등 상이한 협력 방식이 있을 수 있어서 상호 간에 이를 조율하는 과정이 필요하다.

이 결과는 경쟁적인 상대로부터 어떻게 자신을 지키고, 어떻게 협력할지 구체적인 방법을 습득하는 것이, 경쟁을 줄이고 협력을 유도하는 데 효과적이라는 사실을 시사한다. 지나친 경쟁에 부정적인 측면이 많고 협력이 좋다는 것을 누구나 머리로는 안다. 하지만 자신을 지키면서도 협력할 수 있는 방법을 알지 못하면 선뜻 협력하려는 마음이 나지 않는다. 억지로 상대를 믿으려고 했다가 상대의 배신에 낭패를 당하기도 한다. 개인의 도덕성과 사회 세태만 탓할 것이 아니라 바람직한 협력을 위한 현실적인 모델도 제시되어야 하는 것이다.

여러 인공지능 행위자의 강화학습에서는 학습 환경과 상대 행위자의 행동에 따라 피드백이 달라진다. 우리가 살아가는 사회에서는 이 피드백을 사람이 준다. 예를 들어 길을 가르쳐주었다가 "도를 믿으십니까?" 부류의 사람을 만나서 기분이 나빠지면, 그 경험은 나의 다음 행동에 영향을 준다. 비슷한 경험을 공유하는 이들이 많아지면서 최근에는 길을 물어보기도 어려워졌다. 서로에게 친절하기 힘든 세상에서 살게 된 것이다. 반면에 친절을 악용한 것에 대한 부정적인 피드백은 부족했던지, "도를 믿으십니까?"는 여전히 성행하고 있다.

한 사람의 피드백이 그 사람이 이후 만 사람을 대하는 태도에 영향을 미치고, 한 사람을 대하는 태도에서 만 사람을 대하는 태도가 드러난다. 그래서 모든 사람은 한 사람인 동시에 만 사람이다. 거대한 현대 사회에서는 개인이 작고 무력하게 느껴지곤 한다. 하지만 내가 주는 피드백, 상대가 주는 피드백의 영향은 결코 작지 않다. 남의 친절을 악용하는 행위에 대해서, 성희롱을 해놓고도 자기 유머가 탁월하다고 착각하는 행위에 대해서, 힘과 지위로 남을 함부로 하는 행위에 대해서, 한 사람이자 만 사람인 나를 함부로 하지 못하도록, 한 사람이자 만 사람인 당신에게 나의 피드백을 전하는 것까지 이루어져야 세상이 변해갈 것이다.

5. 신경 번역기

↳ —

인공지능은 뇌를 연구하고, 뇌 연구를 통해 밝혀진 사실로 쓸모 있는 도구를 만드는 데 큰 도움을 준다. 인공지능의 중요한 기여 중의 하나는 신경 활동이 담고 있는 정보를 해석할 수 있도록 도와주는 것이다. 이번 글에서는 말하는 동안의 뇌 활동에서 무슨 말을 하고 있는지를 번역한 인공지능 번역기에 대한 논문을 소개한다.

—

구글 번역기를 써본 적이 있는가? 2010년대 초반만 해도 인공지능 번역기의 수준은 매우 낮았지만 요즘은 다르다. 영어와 한글은 어순이 다른데도 놀라울 만큼 정확하게 번역을 해낸다. 문장은 단어들의 나열로 구성되는데, 이 나열에서 자주 반복되는 패턴을 학습하고, 학습된 패턴을 활용하기 때문에 단어별로 번역하던 예전보다 훨씬 자연스러운 결과가 나온다. 사진이나 언어처럼 복잡한 데이터에서 통계적인 패턴을 찾아내는 능력은 인공신경망을 사용하는 기계학습의 중요한 강점 중 하나다.

그렇다면 기계학습을 사용해서 신경 활동의 패턴을 언어로 번역하는 것도 가능할까? 놀랍게도 가능했다. 마킨Makin 등은 사람들이 말하는 동안의 뇌 활동을 측정하고 측정된 신경 활동을 언어로 번역하는 기술을 2020년 4월《네이처》신경과학지에 발표했다. 이 기술은 신경 활동을 언어로 번역하는 기존의 방법들보다 훨씬 더 적은 데이터를 사용했으며, 높은 정확도를 보였다. 기존의 기술과 마킨의 기술은 어떤 측면에서 달랐을까?

뇌 활동을 글자로 번역하는 법

말하는 동안의 신경 활동을 토대로 말하는 내용을 추론하는 기술은, 생각으로 로봇 팔을 조종하는 기술과 유사하다. 둘 다 뇌 속 신경 활동을 측정하고, 측정된 내용을 해석해서 외부 장치의 활동을 조종하기 때문이다. 이처럼 신경 활동과 외부 기계의 소통과 관련된 기술을 뇌-기계 상호작용이라고 부른다. 이제 생각으로 로봇 팔을 조종하는 경우를 생각해보자. 이런 경우, 먼저 팔을 들 때는 신경 활동이 어떤지, 팔을 오른쪽으로 움직일 때는 신경 활동이 어떤지를 컴퓨터에 학습시킨다. 그 뒤, 팔을 움직이려고 생각하는 동안의 뇌 활동을 해석하고, 그 결과를 로봇 팔에 전달해 로봇 팔을 조종한다.

사고나 질병으로 말을 하지 못하게 된 사람들의 뇌 활동으로부터 이들이 하려는 말을 문자 언어로 전환하는 기술에도 비슷한 방법이 시도되어왔다. 먼저 말을 하는 것과 관련된 뇌 부위인 가쪽 고랑sylvian fissure의 신경 활동이나, 혀와 성대 근육을 조종하는 운동 신경의 활동을 측정하고, 이로부터 혀와 성대를 어떻게 움직이려고 하는지 추론한다. 그 뒤 추론된 움직임이 어떤 말에 해당하는지 추정하는 방식이 사용되곤 했다. 안타깝게도 이런 방식은 정확도가 매우 낮았다. 틀릴 확률이 39퍼센트에서 60퍼센트에 달하곤 했다.

마킨 등은 조금 다른 방법을 썼다. 혀와 성대의 움직임을 추론하는 중간 단계를 과감하게 건너뛰었다. 대신에 측정된 신경 활동으로부터 말하려는 내용을 직접 추정했다. 인공지능 번역기가 한 언어를 다른 언어로 번역하듯이, 신경 활동을 바로 언어로 번역한 것이다. 그 결과 틀릴 확률이 최저 8퍼센트까지 낮아졌다. 사람들이 음성 언어를 채록할 때 틀릴 확률이 약 5퍼센트이므로 틀릴 확률을 8퍼센트까지 낮춘 것은 대단히 놀라운 결과라고 볼 수 있다.

더욱이 비교적 적은 데이터로도 이 기술을 활용할 수 있었다. 뇌-컴퓨터 상호작용 기술은 대개 개인별로 특화하는 과정을 거친다. 예를 들어 생각으로 로봇 팔을 조종하면, 공장에서 완제품을 만들어 출하할 수 없다. 사람마다 뇌의 모양과 크기가 다르고, 신경 활동을 측정하는 전극이 이식된 위치가 조금씩 다르고, 같은 동작을 하더라도 신경 활동의 특색이 조금씩 다르기 때문이다. 그래서 팔을 움직이려 할 때 뇌 활동이 어떤지 측정하고 기계를 학습시키는 과정은 사용자가 바뀔 때마다 해주어야 한다. 심층 인공신경망의 학습에는 대개 많은 데이터가 필요하므로, 사람마다 별도로 기계를 학습시켜야 한다는 점은 상당한 장애물이었다.

그런데 마킨 등은, 한 사람에게서 얻은 많은 데이터(460개 문장, 1,800가지 단어)로 기계를 학습시킨 뒤, 학습된 기계를 다른 사람으로부터 얻은 적은 데이터(30개 문장, 125가지 단어, 4분 소요)로 추가 학습시키는 방식을 사용했다. 이런 방식이 가능한 것은 개인별로 뇌 활동의 특성과 측정된 위치가 조금씩 다르기는 하지만, 크게 다르지는 않았기 때문이다. 고작해야 4분간 학습시킨 기계에서는 틀릴 확률이 보통 53퍼센트나 나왔지만, 미리 학습시킨 기계를 4분간의 데이터로 더 학습시켰더니 틀릴 확률이 36퍼센트가 나와서 기존보다 17퍼센트 포인트나 줄어들었다. 이는 비교적 적은 데이터로도 개인별 맞춤이 가능함을 시사한다.

기술과 가치와 제도

언젠가 수술을 통해 뇌에 전극을 이식하지 않고도 생각을 언어로 전환할 수 있을 정도로 기술이 발전하면, 신경 활동으로 가전제품을 조작한다든가, 지루한 회의 시간에 생각으로 다른 일을 하게 해주는 등 다양한 서비스가 생겨날지도 모르겠다. 가장 사적인 영역인 마음이 상업 영역과 공공 영역에서 활용될 수 있는 시대가 역사상 처음으로 열리는 것이다. 당장은 거부감이 클지도 모르겠다. 하지만 코로나 위기를 맞아 사생활 침해에 대한 경각심이 낮아진 것처럼, 테러 등으로 불안하고 혼란스러운 상황이 되면 섣부른 결론을 내리게 될 수도 있다.

기후위기로 인한 재난이 잦아지고, 기술이 사회 변혁을 이끄는 시대에는 혼란스러운 와중에도 시민들이 소중하게 여기는 가치를 보호하는 방향으로 기술을 활용할 수 있어야 한다. 그러기 위해서는 시민들이 과학과 기술을 정확하게 이해해야 하고, 기술과 제도와 가치의 관계를 끊임없이 논의해야 한다. 그래야 이세돌과 알파고의 경기 때처럼 놀라서 당황하는 일이 생기지 않는다. 또 그렇게 해야만 미국에서처럼, 코로나가 빠르게 확산하는 와중에 코로나는 가짜이며 마스크 착용은 개인의 자유라고만 주장하는 일이 생기지 않는다. (마스크 착용은 개인의 자유지만, 그 자유가 타인의 건강과 재산을 침해한다면 손해 배상을 해야 한다. 서양 문화는 개인의 자유만큼 타인의 자유를 존중하고, 미국은 자유만큼이나 사유 재산을 중시하는데도 저런 혼란이 발생하는 것이 놀랍기만 하다.) 이것이 내가 과학 커뮤니케이션을 중요하게 여기는 이유다.

연구를 수행한 사람

학계에서는 논문을 작성할 때 저자의 이름을 중요하게 생각한다. 1저자는 논문 생산에 가장 큰 기여를 한 과학자이자, 논문 내용에 가장 큰 책임을 져야 할 사람이기 때문이다. 나도 논문을 쓸 때는 1저자의 이름을 중심으로 논문을 지칭한다.

하지만 비전공자가 독자인 칼럼을 쓸 때는 다른 방식을 취해왔다. 온라인 칼럼을 쓸 때만 하단에 논문 출처를 기입하고, 출처를 쓸 공간이 허용되지 않은 종이 원고에는 "최근 ○○저널에 출간된 논문"이라고만 쓰곤 했다. 일반 독자의 입장에서 저널 이름은 비교적 익숙한(혹은 유용한) 정보지만, 앞으로 영원히 다시는 안 볼 확률이 높은 저자의 이름은 덜 중요하다고 생각했기 때문이다. 저자의 이름을 몰라도, 논문의 내용과 저널 이름, 대략적인 출간 시기를 알면 검색하기에 충분하기 때문이기도 했다. 한편 출처 란에 참고 문헌을 기입할 때도, 가급적 무료로 공개된 논문이나, 비교적 읽기 쉬운 논문을 고르곤 했다.

독자가 다르면 전달 방식도 달라야 한다는 게 그동안의 내 생각이었지만, 시민들의 과학 활동이 늘어나고 또 중요해지는 추세가 되면서 고민이 되기 시작했다. 일반인을 대상으로 한 칼럼에서도 1저자의 이름을 언급해야 하는 게 아닐까 하고.

그러던 차에 소소하다면 소소한 사건이 발생했다. 식당에서 밥을 먹는데, TV에서 최근의 기술적 성과를 소개하는 뉴스가 나온 것이다. 무슨 내용일까 궁금해하면서 기다렸는데, "국내 연구진", "원천기술", "최초로"라는 구절만 여러 번 나오고, 이 기술이 왜 중요한 성과인지는 제대로 설명되지 않았다. "국내 연구진", "원천기술", "최초로"라는 구절을 반복할 시간에 "이 기술을 개발하는 것이 왜 어려웠는데, 어떻게 해낼 수 있었다"를 설명했다면 방송을 보는 시청자에게도 도움이 되고 설명하는 연구자도 신이 났을 텐데 너무 아쉬웠다.

미국 국립보건원이나 독일 막스플랑크에서 연구 성과를 내도, 그 나라 언론이 "국내 연구진이"라고 할 것 같지는 않다. 그냥 "NIH 누구누구 연구팀이" 혹은 "어느 지역 막스플랑크 누구누구 연구팀이"라고 하겠지. 우리도 이제 그렇게 소개할 정도의 수준은 되지 않았을까? 그냥 "ㅁㅁ 연구원의 누구누구 연구팀이" "△△ 대학의 누구누구 연구팀이"라고 하면 좋겠다. 그것이 이공계에 대한 관심을 기르고, 한국 연구진의 위상과 사기를 높이며, 장기적으로는 우리나라 과학 발전에도 유익하리라고 생각한다. 과학과 기술이 일상인 시대에 과학 문화는 과학 행사장에만 있는 게 아니기 때문이다.

P. S. 독자님들은 어떻게 생각하시나요? 비전공자를 대상으로 하는 칼럼에서도 1저자의 이름과 연구 기관을 밝히는 게 나을까요, 굳이 그렇게 하지 않는 게 나을까요? 독자님들에게 연구의 1저자란 어떤 의미인가요? 언젠가 과학 문화 콘텐츠의 생산자와 소비자, 과학자가 모여서 이 주제로 이야기를 나눠보면 재미있을 것 같습니다.

뇌과학을 둘러싼 오해와 진실

중세 유럽에서는 무엇이 옳고 그른지를 종교가 결정했다.
현대 사회에서는 과학이 그처럼 절대적인 지위를 지닌다.
그래서 자신의 주장을 과학으로 합리화시키고 싶은 유혹을 느끼기도 하고, 이런 유혹에서 생겨난 가짜과학 때문에 혼란을 겪기도 한다.
뇌과학과 관련해서 자주 등장하는 오해들을 살펴보자.

1. 여자의 뇌, 남자의 뇌 따윈 없어

ㄴ—

뇌과학과 관련된 가장 뜨거운 질문 중의 하나는 '남자의 뇌와 여자의 뇌는 어떻게 다를까'이다. 성전환 수술이라도 하지 않는 한, 남성이 여성으로, 여성이 남성으로 살아볼 기회는 없다. 이러니 여성도 반, 남성도 반인 세상에서 양성생식을 하는 동물로 살다 보면 호기심이 생긴다. '여자들(또는 남자들)은 도대체 왜 저러는 거야?' 때때로 궁금함이 답답함과 확신으로 발전하기도 한다. '여자들(또는 남자들)은 이래서 문제야!'

남녀의 뇌에 대한 책과 인터넷 자료는 요즘도 계속 나오고 있고, 남녀의 뇌는 이전에 관련된 자료를 읽었더라도 어째서인지 다시 클릭하고 싶어지는 흥미로운 주제다. 남자의 뇌와 여자의 뇌는 어떻게 다를까?

—

남녀의 뇌를 이분법적으로 나눌 수는 없다

결론부터 말하면 전형적인 여자의 뇌, 전형적인 남자의 뇌 따위는 없다. 어떤 사람의 두개골에서 뇌를 꺼내서, 뇌만 보고 남자인지, 여자인지 맞힐 수가 없다는 의미다. 비교적 큰 차이가 일관되게 관찰되는 거의 유일한 것이 뇌 전체의 부피다. 남성의 뇌가 여성의 뇌보다 대체로 더 크다. 하지만 이 경우에도 남녀 두 집단에서 겹치는 부분이 48퍼센트 이상이고, 집단 내부의 편차도 크다. 그래서 어떤 남성(또는 여성)의 뇌가 당신의 뇌보다 큰지 작은지를 성별만으로는 알 수가 없다. 예컨대 성인 남성인 어떤 사람이, 자기 앞에 있는 어떤 성인 여성의 뇌 크기와 자신의 뇌 크기를 비교한다면, 이 남성의 뇌가 그 여성의 뇌보다 클 확률은 84퍼센트다. 또한 여성의 뇌가 남성의 뇌보다 클 확률은 16퍼센트다. 성별만으로 뇌 전체의 부피를 단정할 수가 없는 것이다.

더욱이 뇌는 환경의 영향을 받아 끝없이 변해간다. 한 연구에서는 쥐에게 예측하기 힘든 스트레스를 3주간 주었다. 갑자기 음식을 14시간 동안 주지 않거나, 갑자기 낯선 쥐가 있는 쥐장으로 옮겨넣거나, 갑자기 쥐의 몸을 30분간 고정해두는 등 갖가지 스트레스를 예측하기 힘든 방식으로 주었다. 스트레스를 받지 않은 상황에서는 암컷보다는 수컷이 등쪽 해마에서 CB1 수용체라는 단백질을 더 많이 발현한다. 하지만 3주간 스트레스를 받고 나자 이 차이가 역전되었다. 경험에 따라 성별 차이가 뒤집어진 셈이다.

남녀에 대한 고정관념과 뇌

읽고 김이 샜을지도 모르겠다. 대부분의 사람들이 남자의 뇌, 여자의 뇌라고 했을 때 궁금해하는 것은 뇌의 부피라든가, 이름조차 낯선 어떤 단백질의 발현 따위가 아니기 때문이다. 대개는 '남성의 뇌가 크니까 남성의 머리가 더 좋다는 의미냐, 남녀가 어학 능력이나 수학 능력에서 차이가 있다는 것이냐'와 같은 능력이나, '여성이 더 감정적이고 남성이 더 이성적이라는 것이냐'와 같은 성격의 차이를 궁금해한다. 이런 차이가 태어날 때부터 생물학적으로 결정되어 있는 게 아닐지 확인하고 싶어 하는 경우도 많다.

주로 사회적인 편견과 관련된 이 항목들은, 남녀 간에 차이가 없거나 경미하여 논의하는 것이 무의미하다고 밝혀졌다. 1990년부터 2007년 사이에 이뤄진 242개의 연구의 데이터(무려 120만 명의 아동과 성인을 대상으로 한)를 분석한 메타 연구에 따르면 남녀의 수학 능력에는 차이가 없다고 한다. 다른 메타 연구들도 수학 능력뿐만 아니라, 언어 능력, 공격성, 리더쉽, 인성, 도덕적 추론 등 많은 부분에서 남녀 간에 차이가 없거나 작다는 사실을 확인했다. 미국인과 멕시코인을 대상으로 이뤄진 흥미로운 연구에 따르면, 남녀 양쪽이 하루 평균 1만 6,000단어 정도를 말하며 수다스러움이라는 측면에서도 차이가 없다고 한다.

이 특징들은 생물학적인 성별의 차이보다는 고정관념과 문화의 영향을 훨씬 더 많이 받았다. 예를 들어서 대체로 남성이 여성보다 공간지각 능력이 탁월하다고 알려져 있다. 하지만 이 차이는 모계 사회에서는 나타나지 않는다고 한다.

흔히 '남성적'이라고 여겨지는 특징들을 남성 호르몬으로, '여성적'이라고 여겨지는 특징들을 여성 호르몬으로 설명하기도 하는데, 성 호르몬의 분비조차 고정관념의 영향을 받아 변한다. 한 연구에서는 참가자들을 임의로 두 그룹으로 나눈 뒤 한쪽 그룹에는 "A는 물리 개념들을 잘 이해할 수 있다. A가 남성일 확률과 여성일 확률은 각각 얼마일까?"라고 물어서 고정관념을 떠올리게 한 뒤에 인지 검사를 실시했다. 다른 한 그룹에는 "A는 물리 개념들을 잘 이해할 수 있다. A가 북미 사람일 확률과 유럽인일 확률은 각각 얼마일까?"처럼 성별 고정관념과 무관한 내용을 떠올리게 한 뒤에 인지 검사를 실시했다. 연구자들은 성별 고정관념을 떠올린 남성들의 테스토스테론(남성 호르몬) 수치가 그렇지 않았던 남성들보다 60퍼센트나 높다는 사실을 발견했다. 성 호르몬도 성편견에 대한 사회문화적 영향에서 벗어날 수 없는 것이다.

남성과 여성의 어떤 차이에 주목할 것인가

더욱 놀라운 것은, 남녀의 뇌(뇌과학이 대중들에게 널리 알려지기 전까지는 남녀의 타고난 능력과 성격 차이)에 대한 관심이 뜨거운 데 반해서, 남녀의 신체 차이는 충분히 고려되지 않았다는 사실이다. 남녀의 신체 차이는 남녀의 성격/능력 차이보다 훨씬 더 노골적으로 드러나며, 여성의 건강은 사회 구성원 절반의 건강이라는 측면에서도 매우 중요하다. 그럼에도 대부분의 생명의학 연구에서는 수컷만을 사용해왔다. 생식과 무관한 연구에서 암컷을 사용하는 것은 이상하다고 여겨지기도 했다. 수컷의 신체가 표준이고, 암컷의 신체는 수컷의 변이 정도로 인식되었던 셈이다.

그러다 보니 남성에게는 아무 문제가 없어서 판매가 허용된 약이 여성에게는 치명적인 부작용을 일으키는 상황도 벌어졌다. 문제가 반복되자 미국 국립보건원NIH(미국에서 이뤄지는 생명의료 연구를 가장 큰 비율과 규모로 지원하는 기관)에서는 국립보건원의 연구비를 받는 전 임상 단계의 동물 실험과 세포 실험에서 양성 차이를 고려하는 방안을 제시하라고 요구하고 나섰다. 이런 변화가 이뤄진 것은 언제일까? 1990년대? 2000년대? 놀랍게도 2016년이다. 2014년 무렵에 결정이 되고 2016년부터 시행되었다.

더욱이 과거에는 남녀의 차이를 연구하는 방법조차 남성 기준에서 정해진 경향이 있었다. 예를 들어 성격과 능력 또는 신체라는 측면에서 남녀를 비교하려면 어떻게 하면 될까? 비슷한 조건을 가진 남성과 여성을 비슷한 수로 모아서 양쪽 집단을 비교하면 될까? 그렇지 않다. 여성의 경우에는 월경 주기를 고려해야 한다. 남녀의 차이를 성 호르몬으로 설명하려는 경우가 많았음에도, 바로 그 호르몬이 변하는 월경주기가 고려되기 시작한 것은 비교적 최근이다.

사람마다 가치관이 다를 수는 있지만, 집단 차원에서 남녀의 성격과 능력이 어떻게 다른가 하는 것은 남녀의 건강에 비해 시급한 주제라고 보기 어렵다. 더욱이 월경 주기와 문화를 고려하지 않는 등 제대로 된 연구 방법조차 확립되지 않은 상태로, 남녀의 성격/능력 차이처럼 사회적인 편견을 확인할 수 있는 주제에 관심이 집중되었다. 편견과는 무관하지만 출산 후 여성의 심리와 뇌 변화처럼, 어찌 보면 훨씬 더 중요한 차이에 대한 연구는 비교적 최근에야 활발히 연구되기 시작했다.

이런 현상은 글상자에 정리한 신경교세포 연구와 비슷한 측면이 있다. 뇌 속에는 신경세포와 신경교세포가 비슷한 숫자로 있지만, 다수의 일반인들은 신경교세포의 존재를 알지 못하며, 뇌과학자들조차 신경교세포보다 신경세포에 연구를 집중했다. 이 사례들은 지식 자체만큼이나 왜 어떤 부분은 연구되었고, 어떤 부분은 연구되지 않았으며, 연구되었다면 어떻게 연구되었는지를 아는 게 중요하다는 사실을 보여준다.

어떤 지식이 누구에 의해 생산되고 인용되는가

우리나라 민담을 모아서 풀어낸 신동흔 교수의 책 『삶을 일깨우는 옛이야기의 힘』을 보면, 민담을 해석하는 과정에서 화자가 누구인지를 살펴보는 대목이 나온다. 예를 들어 〈선녀와 나무꾼〉 이야기의 제보자 중 여성의 비율은 80퍼센트 이상이라고 한다. 신동흔 교수는 이 사실로부터 하루아침에 본인의 의지와 상관없이 낯선 곳에서 낯선 사내의 짝이 된, 떠나고픈 여성들의 애환과 충동을 읽어낸다. 이야기 자체만이 아닌, 화자가 누구인지로부터 이야기를 읽어내는 것이 무척 신기하다고 생각했다.

과학에도 이와 비슷한 경우가 간혹 있다. 연구자의 대부분은 서구의 부유하고 산업화된 민주주의 국가에 사는 교육받은 사람들(속칭 'WEIRD western, educated, industrialized, rich and democratic'라고 부른다. 영어 단어 'weird'는 '기괴한'을 뜻하므로 비꼬는 의미도 있다)이다. 그래서 연구의 대상도 종종 WEIRD였으며, 연구 주제의 선정도 WEIRD의 맥락에서 벗어나기 어려웠다. 이래서야 다양한 문화와 사회 환경의 차이를 반영하지도, 지구 전체의 인구를 대표하지도 못한다는 문제의식이 커지고 있다.

과학 지식이 생산되는 현장뿐만 아니라, 그 지식을 활용하는 사회에서도 화자에 따라 과학 지식의(때로는 가짜과학의) 다른 부분을 이야기한다. 미국 공화당의 다수는 오랫동안 기후변화가 거짓이라고 믿었으며, 진화도 거짓이라고 믿곤 한다. 이제까지의 연구를 폭넓게 살펴본 다음에 결론을 내리기보다는, 결론을 정한 뒤에 이 결론을 뒷받침할 (가짜) 연구만 찾는 경우도 많다. 그래서 '어떤 과학 지식이 생산되고 인용되는지'에는 종종 긴장과 갈등이 따른다.

긴장과 갈등이 동반되는 대표적인 과학 지식의 하나가 '남자의 뇌와 여자의 뇌는 다른가'다. 남자의 뇌와 여자의 뇌, 남자의 건강과 여자의 건강에 대한 지식은 그 지식을 누가 생산하는가, 그 지식이 어떻게 활용되는가와 무관하기 어렵다. 이런 문제의식에서 (과학에서 권위를 언급한다는 게 불편하기는 하지만) 권위 있고 유서 깊은 생명의학 저널인 《란셋Lancet》은 2019년 2월에 양성 포용적인 문화로 나아가야 할 필요에 대해 논의하는 학회를 열었다. 《란셋》에서 2019년 2월 9일에 출간된 논문도 양성 포용적인 문화와 건전한 과학을 특집으로 다루고 있다. 《란셋》 특집을 기념하며 남녀 뇌의 차이에 대한 주제를 다루어보았다.

중추신경계의 절반을 차지하는 신경교세포

뇌 속의 모든 세포들 중에서 신경세포는 몇 퍼센트를 차지하고 있을까? 80퍼센트? 90퍼센트? 놀랍게도 반 정도에 불과하다. 나머지 반은 신경교세포glia라고 불리는 세포들이 차지하고 있다. 신경교세포에서 '교'는 풀glue(아교)이라는 뜻이다. 예전에 신경교세포가 어떤 기능을 하는지 모를 때 풀처럼 신경세포들을 붙여주는 역할을 할 것이라고 짐작한 데서 신경교세포라는 이름이 붙었다. 한때는 신경교세포가 신경세포의 두 배에서 열 배 정도로 많다고 여겨지기도 했다. 하지만 최근 연구에 따르면 신경세포와 신경교세포의 숫자가 비슷하다고 한다. 신경세포와 신경교세포의 종류가 다양하고 숫자도 워낙 많은 탓에 개수를 세는 것처럼 단순한 일도 쉽지 않았던 셈이다. 신경세포의 기능에 대한 연구는 일찍부터 널리 이뤄져왔지만, 신경교세포에 대한 연구는 비교적 나중에야 진행됐고 아직 많은 부분이 미지의 영역으로 남아 있다. 우리 뇌의 반절이나 차지하고 있는 신경교세포에 대해 지금까지 알려진 것을 맛보기로 하자.

신경교세포의 종류와 기능

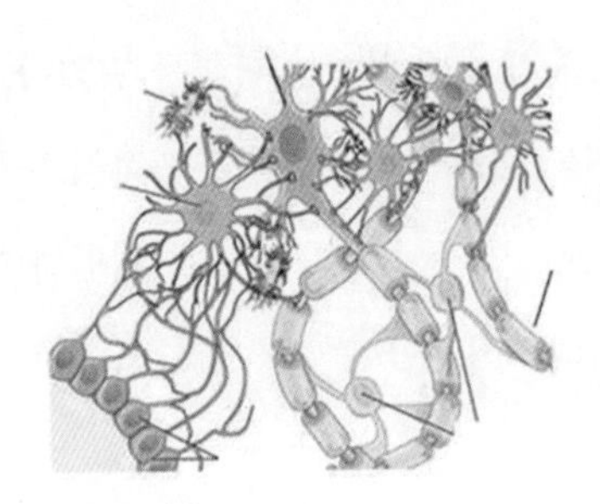

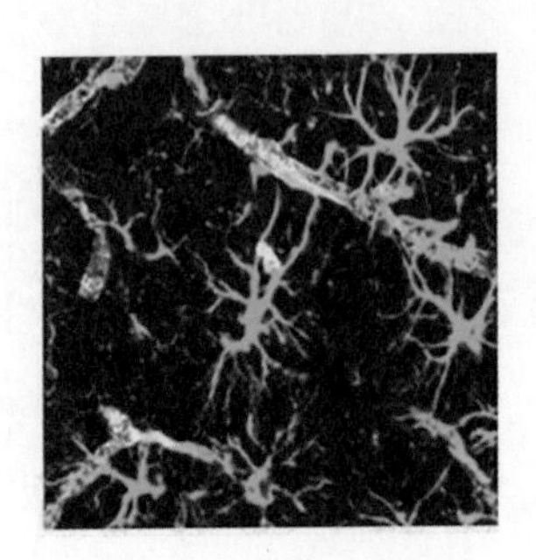

희소돌기 신경교세포: 신경세포는 전기 신호를 주고받는데, 전기 신호가 밖으로 새어나가는 것을 줄일 수 있도록 지방질의 절연 물질(수초)로 축삭돌기가 감싸인 경우가 많다. 수초는 전선의 피복처럼 축삭돌기를 감싸서 전기 신호가 더 빨리 전달될 수 있게 한다(그림 1). 신경세포의 활동 정도에 따라서 수초가 감싸인 범위와 두께가 달라지고, 이에 따라 전기 신호가 전달되는 속도가 조절된다. 희소돌기교세포는 신경세포를 수초로 감싸고, 수초의 양을 조절하는 역할을 한다.

희소돌기 신경교세포의 전구세포: 전구세포란 특정한 세포의 형태나 기능을 갖추기 전 단계의 세포를 말한다. 그러므로 희소돌기 신경교세포의 전구세포는 희소돌기 신경교세포로 분화하기 전 단계의 세포다. 이 세포는 성인이 된 후에도 죽을 때까지 계속 희소돌기 신경교세포를 생산한다.

성상교세포: 성상교세포는 중추신경계에 있는 거의 모든 종류의 세포와 다양한 상호작용을 한다. 예컨대 신경세포가 분비한 신경전

달물질이 주변으로 확산하지 않도록 감싸는 역할, 직접 물질을 분비해 신경세포 및 다른 신경교세포들의 활동을 조절하는 역할, 혈관으로부터 물질을 넘겨받은 뒤 처리해서 신경세포에 공급하는 역할 등을 한다. 신경세포의 시냅스 형성을 촉진하거나, 새로 생긴 시냅스의 구조를 안정시키고, 약하거나 부적절한 시냅스를 제거하는 역할도 수행한다.

미세아교세포: 미세아교세포는 신경계의 대표적인 면역세포다. 파괴된 세포, 감염된 세포 등을 먹어치우며 사용하지 않는 시냅스를 제거하는 역할도 한다.

방사성 신경교세포: 방사성 신경세포는 신경세포와 신경교세포들의 전구세포다. 신경세포들을 필요한 위치로 안내하는 지지대 역할도 한다.

세상을 보는 눈

신경교세포의 숫자가 신경세포만큼이나 많은데도 신경교세포의 존재조차 모르는 이들이 많다는 사실은 정말 놀랍다. 신경교세포의 존재를 알았던 뇌과학자들조차 신경교세포보다는 신경세포를 더 널리, 더 오래 연구해왔다는 점도 흥미롭다. 신경계에 대한 지식의 양과 내용은 실제 신경계의 구성과 다르다는 점을 시사하기 때문이다.

흔히 세상을 보는 지적이고 합당한 방식을 지식이라고들 생각한다. 물론 검증되지 않은 편견이나 느낌보다야 지식이 훨씬 낫다. 하지만 신경교세포 사례에서 보듯 심지어 과학에서조차 지식의 양과 내용은 실제의 세상을 그대로 반영하지 못하곤 한다. 지식은 지식을 생산하는 사람의 관심과 연구의 맥락, 탐구에 필요한 기술 여건 등 여러 요인의 영향을 받기 때문이다. 김승섭 교수의 저서 『우리 몸이 세계라면』도 지식의 생산 과정과 맥락에 유념해야 한다는 것을 여러 흥미로운 사례를 통해 보여주고 있다.

지식은 세상을 이해하는 유용한 도구다. 하지만 내가 아는 것이 전부라고 믿고 지식을 사용하는 사람과, 틀릴 가능성을 열어두고 아는 것만큼이나 모르는 것에도 유념하는 사람 사이에는 세상에 대한 포용력과 발전 가능성에서 하늘과 땅만큼의 차이가 있을 것이다.

2. 인간의 뇌와 다른 동물의 뇌는 어떻게 다를까

↳ —

생태운동가 최성용 작가의 책 『시티 그리너리』에는 "벼는 사람들이 공들여 벼를 재배하게 함으로써 인간을 이용하는 데 성공했다"라는 내용이 나온다. 읽다가 빵 터졌다. 인간이 만물의 영장이며, 지구의 지배자라는 인식에 익숙했기 때문이다.

다른 어떤 동물보다 강한 기술 문명을 이룩했으며, 다른 생명들에게 위협받는 대신 다른 생명들을 멸종시키는 인류는 확실히 독보적인 존재로 보인다. 오랜 세월 동안 사람들은 인간이 다른 동물들보다 월등하게 똑똑하다는 사실에 자부심을 느꼈다. 인간도 하나의 동물 종임에도 '동물들'이라는 표현은 대개 '인간 이외의 모든 동물'을 지칭할 목적으로 쓰이는 데서, 인간을 다른 동물들과 차원이 다른 존재로 인식하고 있음이 드러난다. 인간이 이토록 대단한 이유로는 상상력, 도덕성, 이성, 사회성 등이 지목되었다. 공교롭게도 이 모든 특징과 가장 긴밀하게 연관된 신체 기관은 뇌다. 그래서 '인간의 뇌는 다른 동물들의 뇌와 어떻게 다를까?'라는 질문은 '우리 인간은 어쩌면 이렇게 대단한 걸까?'라는 자부심과 얽혀 있는 경우가 많다.

—

연예인들의 손바닥만 한 얼굴을 부러워하는 사람은 많지만 뇌까지 작기를 바라는 사람은 없다. '뇌가 섹시하다'라는 표현까지 등장할 만큼 사람들은 지능에 관심이 많고, 뇌는 지능에서 핵심적인 기관이기 때문이다. 네안데르탈인의 두개골 용적이 우리의 두개골 용적보다 크기는 하지만, 뇌의 부피는 인류가 진화하는 동안 대체로 증가하는 경향을 보인다. 그래서 뇌가 클수록 똑똑하며, 인간이 다른 동물보다 똑똑한 것은 뇌가 크기 때문이라고 생각하기 쉽다. 정말 그럴까?

뇌의 크기

실제로 인간의 뇌는 다른 동물에 비해 큰 편이며(그림1), 체중과 뇌 무게의 비율을 고려하면 인간의 뇌는 독보적인 수준이다. 그러나 뇌의 무게만 가지고는 지능을 유추할 수 없다. 침팬지와 소는 둘 다 뇌 질량이 400그램 정도지만 침팬지가 소보다 훨씬 더 똑똑하기 때문이다. 붉은털원숭이와 카피바라도 둘 다 뇌 질량이 70~80그램 가량이지만 붉은털원숭이가 훨씬 더 똑똑하다.

체중과 뇌 무게의 비율로 지능을 유추하기도 한다. 예를 들어 약 1.5킬로그램인 인간의 뇌는 4킬로그램에 육박하는 코끼리의 뇌보다 작다. 하지만 코끼리의 뇌가 체중의 560분의 1밖에 안 되는데 반해 인간의 뇌는 체중의 40분의 1에 달한다. 그러나 체중과

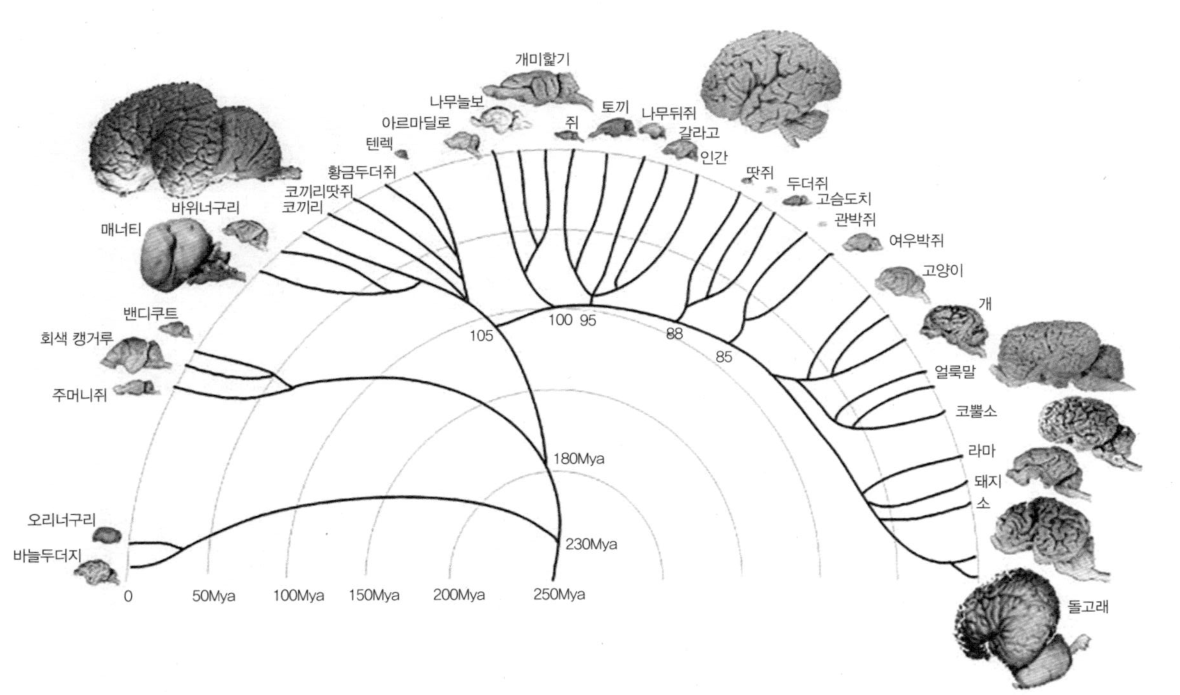

그림1 사람을 비롯한 여러 동물의 뇌.

뇌 무게의 비율로 지능을 유추하는 것도 부적절하다. 돌고래는 체중과 뇌 무게의 비율이 사람과 비슷하지만, 돌고래를 비롯한 고래목 포유류는 신경세포의 밀도가 인간보다 훨씬 낮기 때문이다.

신경세포의 숫자와 연결 방식

그렇다면 뇌의 어떤 특징이 지능과 관련될까? 인간을 비롯한 영장류의 뇌는 다른 동물들의 뇌에 비해 단순히 크기만 큰 것이 아니다. 신경세포의 숫자도 훨씬 많다. 쥐와 같은 설치류의 뇌에서는 뇌가 커지면 신경세포의 크기도 같이 커진다. 그래서 뇌가 커져도 신경세포의 숫자가 크게 늘어날 수 없다. 반면에 영장류의 뇌에서는 뇌가 커져도 신경세포의 크기가 거의 변하지 않는다.

쥐의 뇌에서 신경세포의 숫자를 10배로 늘리려면 뇌가 35배쯤 커져야 하지만, 영장류의 뇌에서 신경세포의 숫자를 10배 늘리려면 뇌가 11배만 커지면 된다. 어떤 쥐의 뇌가 사람 뇌의 질량인 1.5킬로그램에 달한다고 하더라도 거기에는 신경세포가 120억 개밖에 있을 수 없다. 하지만 같은 질량의 사람의 뇌에는 860억 개의 신경세포가 있다.

영장류의 뇌는 다른 포유류 동물들의 뇌와 연결 방식도 다르다. 영장류에서는 대뇌피질이 클수록 대뇌피질의 신경세포가 늘어나면서, 멀리 떨어진 신경세포들 사이의 연결이 차지하는 비중이 상

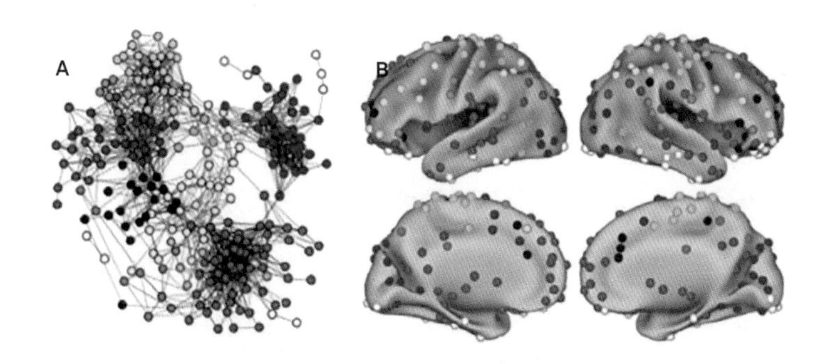

그림2 A: 뇌 속 부위들이 연결된 네트워크의 모양. 같은 영역(module)에 속하는 부위들은 같은 색으로 표시되었다. 색이 같은 부위들 사이의 연결이 색이 다른 부위들 사이의 연결보다 더 많음을 알 수 있다.
B: 그림 A의 부위들이 뇌 속에서 차지하는 위치.

대적으로 줄어든다. 그 결과, 대뇌피질이 커질수록 대뇌피질의 신경세포들은 가까운 곳에 있는 신경세포들과는 촘촘하게 연결되고, 멀리 떨어진 신경세포들과는 비교적 성기게 연결된다. 이런 연결 특징 덕분에 뇌는 서로 긴밀하게 상호작용하면서도 어느 정도 독립적인 그룹module들로 구성될 수 있다(그림2). 이렇게 그룹들이 구분되는 정도modularity는 인지 능력과도 깊은 상관관계를 맺고 있다고 한다.

요리하는 인간

그렇다면 인간은 왜 침팬지를 비롯한 다른 영장류들보다 똑똑한 걸까? 인간의 뇌는 다른 영장류의 뇌와 같은 방식으로 구성되어 있지만, 신경세포의 숫자가 훨씬 더 많다고 한다. 이렇게 많은 신경세포를 유지하는 것은 보통 일이 아니다. 신경세포는 에너지를 많이 소비하기 때문이다. 신경세포를 860억 개나 가지고 있는 인간의 뇌는 하루에 약 516킬로칼로리의 에너지를 사용하는데, 이는 하루에 섭취하는 총 에너지의 25퍼센트에 달하는 양이다.

이렇게 많은 에너지를 섭취하는 것은 쉬운 일이 아니다. 인간이 다른 영장류들과 마찬가지로 날 음식을 섭취했다면, 하루 종일 먹기만 해도 필요한 에너지를 모두 얻기가 어려웠을 것이다. 소화에도 시간과 에너지가 필요하기 때문이다. 하지만 인간은 음식을 불로 익혀서 먹는다. 이렇게 하면 소화에 필요한 에너지를 줄이면서도 더 많은 에너지를 섭취할 수 있다. 익힌 음식은 인간이 하루 30분씩 세 끼만 먹고도 비싼 뇌를 유지할 수 있는 비결이다.

인간인 우리는 다른 동물보다 영리한 뇌를 사용해서 과학과 기술을 발전시켰고, 복잡한 사회제도를 이룩했으며, 예술 작품을 창조하고 철학적인 고민도 한다. 이런 뇌가 고차원적이고 난해한 무엇이 아닌, 음식을 익혀 먹는 것처럼 단순한 활동 덕분에 가능해졌다는 사실은 놀랍다. 동시에 겸손해지기도 한다. 우리는 "인간은 다른 동물들과 차원이 다르다"라고 믿고 싶어 하지만, 인간도 먹는 일에 영향을 받는 동물이었다.

3. 일반인은 정말 뇌를 10퍼센트만 사용할까

↳ —

"천재는 뇌를 100퍼센트 활용하지만 일반인은 뇌의 10퍼센트밖에 사용하지 않는다던데 정말인가요?" 요즘은 덜하지만 얼마 전까지만 해도 강연장에서 가장 자주 받는 질문이 바로 이 질문이었다. 이 질문의 이면에는 지능과 긴밀하게 연관된 기관은 뇌이므로 뇌를 많이 쓸수록 똑똑할 것이라는, 제법 그럴싸한 가정이 깔려 있다. 이 가정은 뇌를 많이 활용할 수 있으면 일반인도 천재처럼 될 수 있으리라는 희망도 준다. 일반인은 정말로 뇌의 10퍼센트만 사용할까?

—

긴밀하게 연결된 네트워크

뇌를 10퍼센트만 사용하기란 불가능하다. 그림1은 사람의 뇌를 확산텐서영상diffusion tensor imaging으로 촬영한 것이다. 카메라의 설정을 조정해서 야간 촬영도 하고, 접사도 하듯이 자기공명영상 기기의 설정을 조정해 뇌의 여러 측면을 관측할 수 있는데, 그중 하나가 확산텐서영상이다. 확산텐서영상을 활용하면 뇌의 서로 다른 부위를 연결하는 신경섬유들을 볼 수 있다.

그림1에서 볼 수 있는 것처럼 뇌 부위들은 구석구석 연결돼 있고, 그림1에는 드러나지 않지만 같은 부위 안의 신경세포들도 서로 긴밀하게 상호작용한다. 이렇게 긴밀하게 연결된 뇌에서 10퍼센트만 사용하기란 불가능에 가깝다.

항상성 ①: 흥분독성

천재와 달리 일반인은 뇌의 10퍼센트밖에 사용하지 않는다는 말에는 뇌를 많이 사용할수록 좋다는 가정이 깔려 있는데, 이 가정도 옳지 않다. 생명 활동을 일정한 범위 내로 제한하면서 항상성을 유지해야 하는 생체에는 다다익선이 통하지 않기 때문이다.

신경세포가 흥분성 신경전달물질인 글루타메이트 등에 반응해 활성화되면 세포 내부에 칼슘 이온이 유입된다. 그런데 신경세포가 지나치게 활성화돼 과량의 칼슘 이온이 유입되면 세포가 죽을 수 있다. 세포 속의 발전소라고도 불리는 미토콘드리아는 세포 자살을 촉발하는 역할도 하는데, 세포 자살은 칼슘 이온의 농도가 지나치게 높아졌을 때 촉발되기 때문이다. 세포가 자살을 한다니 어이없고 아깝게 느껴질 수도 있지만, 세포 자살은 암세포처럼 비정상적으로 증식하는 세포, 감염된 세포, 파괴된 세포를 안전하게 없애주는 꼭 필요한 작용이다. 이처럼 지나친 흥분으로 세포가 죽는 것을 흥분독성excitotoxicity이라고 부른다.

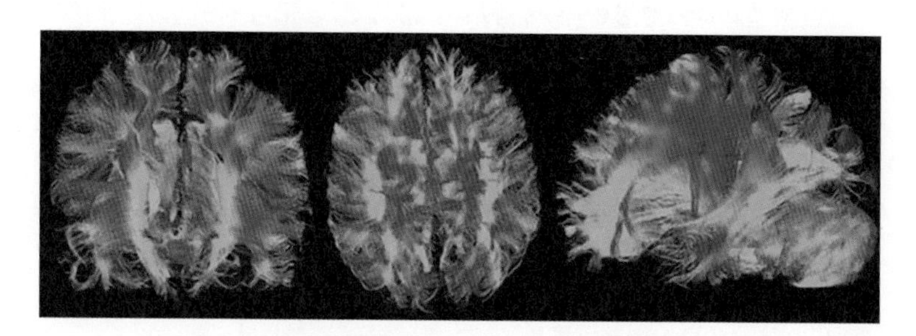

그림1 확산텐서영상으로 촬영한 뇌 속 연결들

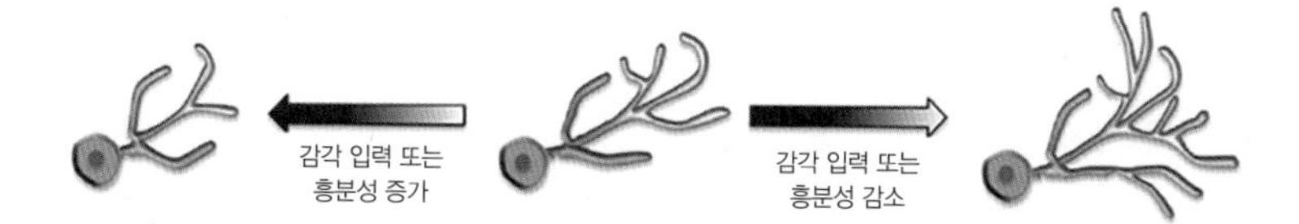

그림2 상황에 따라 크기가 변하는 수상돌기

뇌졸중에서 신경세포가 손상되는 주된 이유 중 하나도 흥분독성이다. 정상적인 상황에서는 세포가 에너지를 사용해 흥분성 신경전달물질인 글루타메이트를 재흡수하거나 분해한다. 그래서 세포 밖 글루타메이트의 농도가 낮게 유지된다. 하지만 뇌졸중으로 인해 산소와 영양분이 공급되지 않으면 글루타메이트의 농도가 높아지면서 신경세포들이 지나치게 활성화되고, 신경세포의 과활성은 세포 자살로 이어질 수 있다.

항상성 ②: 수상돌기

이처럼 지나친 활동은 해롭기 때문에 신경세포는 적절한 활동 수준을 유지하려고 하며, 이를 위해 여러 방법을 동원한다. 그중 한 방법은 다른 신경세포들과의 연결 정도를 조절하는 것이다. 신경세포는 나뭇가지처럼 생긴 수상돌기(그림2)라는 부분에서 다른 신경세포들로부터 전해지는 입력을 받는데, 지나치게 많은 흥분성 입력이 들어오거나 신경세포가 지나치게 활발해지면 수상돌기의 크기를 줄인다. 반면에 신경세포로 전해지는 입력이 부족하거나 신경세포의 활성이 평소보다 낮게 유지되면 주변으로 수상돌기를 뻗어 입력을 줄 신경세포들을 찾아 나선다.

이런 과정 때문에 사고로 손을 잃은 환자가 얼굴을 만졌는데 있지도 않은 손을 느끼는 일이 생길 수 있다. 이를 환상지phantom limb

라고 부르는데, 환상지는 더 이상 입력을 받지 못하게 된 신경세포가 주변으로 수상돌기를 뻗어나가서 생기는 현상이다. 손을 잃은 환자가 얼굴에서 손을 느끼는 것은, 손으로부터 입력을 받던 신경세포가 손에서 입력을 받지 못하게 되자 주변으로 수상돌기를 뻗다가 얼굴로부터 입력을 받는 신경세포와 연결됐을 때 생긴다. 이처럼 신경세포는 항상성을 유지하기 위해 적극적으로 변해가며, 이 과정(및 이 과정의 이상)은 뇌의 여러 기능 및 뇌 질환과 관련된다.

가치 판단과 소망이 빚어낸 가짜과학

"천재와 일반인의 뇌", "남자와 여자의 뇌"처럼 어떤 과학적 사실에 대해서는 낭설이 유난히 많은 것은, 낭설과 관련된 소망과 가치 판단을 원래부터 갖고 있었기 때문일 것이다. 이 그럴싸한 낭설을 믿고 한 발짝만 더 나아가면, 어떤 제품을 쓰면 뇌의 활용도가 높아진다는(똑똑해진다는) 사기에 속을 수 있다.

환경에 적응하며 끊임없이 변해가는 과정인 진화를 인간이라는 만물의 영장이 탄생하기 위해 진보하는 과정이라고 오해했던 것도, 적극적으로 인간의 '진보'를 도모하는 우생학이 등장했던 것도, 인간 우월주의와 약육강식 논리가 잠재돼 있었기 때문이었다. 가치 판단과 바람에 따라 뒤틀린 이해는 나치의 유대인 학살이나 강제 불임 수술 같은 어리석음과 비극을 낳았다.

그러니 과학적 사실에 대한 낭설이 유난히 많은 분야를 다룰수록 주의해야 한다. 이미 작동하고 있는 편견과 소망에 과학적 사실이라는 권위까지 더해주지 않도록. 그리고 돌아봐야 한다. 낭설의 이면에 어떤 가치 판단이나 소망이 숨어 있는지, 낭설이 횡행하는 것이 바람직하지는 않지만, 낭설 자체는 인간과 사회를 이해하게 해주는 소중한 기회다.

4. 가짜과학에 끌리는 이유

↳ —

'동기'라는 단어를 들었을 때 무엇이 가장 먼저 떠오르는가? 동기부여? 등록해놓고 가지 못한 헬스장? 나는 '동기'라는 단어를 들으면 도파민, 움직임, 학습 등이 떠오른다. 과학 커뮤니케이션은 이처럼 같은 단어를 듣고 다른 것을 떠올리는 사람들 사이의 커뮤니케이션이다. 자연스럽게 오해와 왜곡이 생긴다. 최근에는 기후변화, 인공지능, 유전자 변형 식품처럼 여러 과학기술 이슈를 이해할 필요가 커진 만큼 오해할 계기와 동기도 많아졌다. 흔히들 가짜과학이 생기는 이유는 전문 지식이 부족하기 때문이라고 생각한다. 전문 지식의 부족도 원인으로 작용하지만, 감정적인 동기도 가짜과학에서 지대한 역할을 한다.

—

말만 했다 하면 이해만큼 오해가 생긴다. 속이 후련하도록 온전히 이해받는 경우란 드물고, 한마디 말도 듣는 사람에 따라 1,000가지로 곡해되곤 한다. 하지만 특정한 오해가 여러 사람 사이에(혹은 특정 그룹의 사람들 사이에) 공유되는 것은 흔하지 않다. 백신이 위험하다거나, 기후변화는 거짓이라거나 하는 가짜과학은 그처럼 여러 사람이 공유하는 오해다. 이처럼 특정한 오해를 여러 사람이 공유하는 현상의 이면에는 그만한 이유가 있게 마련이다.

불안과 소망

최근 몇 년 사이 유난해진 '화학물질이 첨가되지 않은 100퍼센트 천연 비타민' 류의 케모포비아chemophobia(화학물질에 대한 공포)를 생각해보자. 산업 활동을 통해 생겨난 낯선 물질(중금속, 환경 호르몬, 석면 등)이 위험하다고 뒤늦게 판명되는 일은 드물기는 하지만 꾸준히 반복돼왔다. 거기다 안전하다고 믿었던 가습기 살균제 때문에 많은 사람이 건강과 생명을 잃고 오랫동안 마땅한 보상조차 받지 못하는 상황을 온 국민이 지켜보았다. '인간의 산업 활동으로 생겨난 익숙하지 않은 물질'이라면, 덮어놓고 무서워질 만도 했다.

백신 거부도 마찬가지다. 근대 이전까지만 해도 전염병으로 죽는 사람이 워낙 많아서, 대부분의 도시는 농촌으로부터 유입되는 사람이 없으면 인구를 유지할 수가 없었다고 한다. 하지만 백신을 비롯한 의학 발전 덕분에 천연두 같은 전염병으로 온 마을이 떼죽음을 당하는 사례가 사라졌다. 온 국민을 두렵게 했던 메르스나 돼지 독감 사망자도 인구 전체로 보면 극히 작은 비율이었다. 오히려 자폐증 유병률이 더 높을 정도다. 이런 상황에서 "백신이 자폐증을 유발한다"라는 잘못된 정보를 접하면, 자녀에게 좋은 것만 주고 싶은 부모로서는 백신을 꺼릴 수 있다. 백신이 '인간의 활동으로 생겨난 낯선 물질(속칭 화학물질)'이라는 점도 한몫했을 것이다.

불안 자체는 충분히 공감할 만하지만, 불안을 해소하는 방법은 잘못되었다. 화학물질이 아닌 물질이란 없으며, 비타민을 알약으로 정제하려면 반드시 화학 공정을 거쳐야 하기 때문이다. 마땅한 지식이 없던 탓에 '천연'이라는 광고에 속아 헛돈만 쓰게 된 셈이다. 백신을 거부하는 사람들(안아키)이 늘어남에 따라 홍역처럼 사라졌던 전염병이 다시 유행하는 일도 잦아졌다. 백신을 접종하지 않은 사람이 주변에 있으면, 백신을 맞은 사람도 전염병에 걸릴 위험이 커지기 때문이다. 내 눈에 자주 보이지 않는다고 사소한 지식이 아닌데, 잘못된 정보에 속아 다른 사람들까지 위험에 처하게 만드는 셈이다.

뇌과학에는 불안보다는 소망과 관련된 가짜과학이 많다. 주의력 결핍 및 과잉 행동 장애ADHD 약을 먹으면 성적이 오른다든가, 특정 제품으로 인지 능력을 향상시킨다든가 하는 것들이다. 연구에 따르면, ADHD 약을 복용하면 아이가 겉보기에 차분해 보일지는 몰라도 장기적인 성적 향상 효과는 없다고 한다. 오히려 수면 장애, 심박수 증가, 감정 기복, 중독 위험 등 부작용이 뒤따랐다. 소망이 강렬한 만큼 정확한 과학 지식을 갖추었으면 좋았을 텐데 그러지 못해서 생긴 문제다.

감정적인 동물, 인간

인간은 다른 동물들보다는 이성적일지 몰라도 이성적인 존재는 아니다. 인간도 동물이며 감정의 영향을 받는다. 그래서 미운 사람은 옳은 소리를 해도 밉고, 좋아하는 사람은 틀린 소리를 해도 예쁘다. 마음속의 불안이 해소되지 않으면 안심할 수 있는 증거를 아무리 나열해도 불안하며, 소망이 간절하면 소망이 실현되기 어렵다는 증거를 아무리 보아도 포기하기 어렵다.

가짜과학도 그렇다. 여러 사람이 특정한 가짜과학을 믿게 된 데에는 정보의 부족과 더불어 감정적인 계기가 있었기에 정보만 제공해서는 설득하기 어렵다. 하물며 전문가가 나에게는 중요한 문제(나름대로는 열심히 공부해서 흔치 않은 물건을 비싸게 구입할 정도로 절실한 문제)를 한심하게 여기면서 불친절하게 군다면, 전문가가 진심으로 나를 위한다기보다는 내 말을 이해하지도 못한 채 건성으로 대한다고 여기기 쉽다. 이러면 내 답답함에 공감하는 친절한 사람의 조언, 나만큼 답답한 사람들이 시행착오를 해가며 찾아낸 꿀팁이 훨씬 더 미덥다.

그런데 전문가에게는 잘 모르는 사람도 알기 쉽게 설명하는 것부터가 어렵고 힘든 일이다. 초등학생도 이해하기 쉽게 설명될 수 있다면 전문가가 뭐 하러 몇 년이나 어렵게 공부할까. 하지만 아무리 애써도 가짜과학 신봉자들이 설득되지 않자, 답답해진 전문가들은 "100퍼센트 안전하다"처럼 더 단순화되고 강경한 표현을 쓰기도 했는데(이것도 과학적인 반응은 아니다) 이런 표현은 불안과 불신을 증폭시켰다. 100퍼센트가 아님을 보여주는 사례들이 드물지만 존재했기 때문이다. 이러면 음모론까지도 갈 수 있다. "나는 이렇게 답답하고 둘러보니 나만 답답한 것도 아닌데, 전문가들은 왜 저렇게 말할까? 본인들의 이익을 위해 뭔가를 감추는 게 아닐까?" 하고.

공감하되 과학적인

감정적으로 불편한 사람에게 어렵고 딱딱한 지식만 제공하거나 어리석다며 비웃고 비난하는 방법이 과연 효과적일까? 백신 거부처럼 이제까지의 과학 연구를 통해 충분히 확인된 내용이라면, '불안할 수 있겠다(혹은 그런 소망을 가질 만하다)'라고 공감하고, 그 뒤에 설명하는 것이 마음을 돌리기에 더 효과적일지도 모르겠다.

한편 널리 퍼진 불안/소망 중에는 과학 연구를 통해 아직까지 다뤄지지 않아서 연구 주제로 포용할 만한 것도 있다. 일례로 교육 분야에는 뇌과학에서 영감만 얻었을 뿐 검증되지 않은 교육 상품과 가짜 지식(예: 좌뇌형 인간과 우뇌형 인간)이 많다. 뇌과학계는 이러한 열풍을 경계했지만 교육계의 바람에는 공감했다. 그래서 교육 효과에 대해 뇌과학적인 연구를 시도할 수 있을 만큼 연구 수단이 발전했을 무렵, 교육을 뇌과학의 연구 주제로 포용하고 과학적으로 엄밀하게 검증함으로써 대응했다. 과학은 엄밀한 과학적인 방법론을 통과한 내용만 사실로 받아들이고, 이런 과정을 거치지 않은 내용에 대해서는 아무 말도 할 수 없기 때문이다. 널리 퍼진 소망에 부응하되 철저하게 과학답게 대응한 셈이다. 아직까지는 뇌과학을 거론하는 교육 기법/상품들에 미심쩍은 부분이 많지만, 이런 연구를 통해 틀린 기법/상품이 줄어들고 실효가 더 뚜렷한 수단이 발전해갈 것이다.

사회적인 수요를 포용하는 과학

종교 교리의 타당성을 주장할 때도 '과학적'인 증거가 거론되고, 신비주의자들조차 자신들의 주장을 지지하는 과학적인 근거를 들으면 좋아하며, 백신을 반대하는 사람들도 '과학적'인 근거를 공부한다. 이는 과학에 대한 대중의 신뢰가 그만큼 높다는 것을 뜻한다. 안타깝게도, 과학을 신뢰하는 만큼 과학이 무엇인지도 잘 아는 사람은 드물다. 그래서 권위 있는 사람의 말이거나, 기술적인 수단(EEG 등)이 사용되었거나, 한두 가지 예외적인 사례가 보고되었거나(통계적으로 유의미하게 재현할 수 있는 결과가 아니므로 과학이 아니다), 관련되어 보이는 과학 지식이 언급되면 과학적이라고 믿어버리곤 한다.

하지만 과학은 '과학적 방법론에 따라 차근차근 검증해가는 집단적인 과정'을 거쳐 확인된 만큼만 말하는 것, 모르는 것은 모른다고 말하는 것이다. 이를 엄밀하게 지키지 않은 채 효과를 주장하는 것은 과학이 아닌 사이비이며, 과학적으로 검증해보지 않은 것을 무턱대고 부정하는 것도 과학이 아니다.

널리 퍼진 불안과 소망은 사회적인 수요를 알려주는 유용한 지표이지만, 불안과 소망에서 비롯된 과학 상품 중에는 사이비가 많다. 수요는 있는데 정규 과학이 다뤄주지 않으니 사이비가 번성하는 것이다. 사이비는 엄단하면서도, 사회에 널리 퍼진 불안과 소망에는 공감하고, (엄밀한 과학 연구가 가능한 경우에 한해) 연구 주제로 포용하는 시도가 공익을 위해 가끔은 필요할 것 같다. 이렇게 연구하다 보면 사이비에서 주장하는 방법과는 다를지도 모르지만 여러 사람의 필요를 해결하기에는 더 효과적인 방법이 개발될 수도 있지 않을까?

시민 과학 커뮤니티와 현장의 수요를 포용하는 연구

어느 강연장에 가도 학교 선생님이 꼭 한두 분씩 있다. 그리고 물어들 보신다. 실은 내가 아이들을 가르치는데 학생들한테 꼭 해주면 좋은 말이 있나, 뇌과학에 관심이 있는 학생들한테 뭐라고 하면 좋을까, 하고. 학생들과 이런 상황이 있었는데 뇌과학이 어떤 조언을 줄 수 있을지 궁금해하시기도 한다. 10대 청소년들과 청소년 자녀를 둔 부모님들도 자기 마음에 대해서, 자녀에 대해서 궁금해한다.

안타깝게도 뇌과학은 마음에 관련된 많은 일에 구체적인 조언을 주지는 못한다. 많은 뇌과학 연구가 동물을 대상으로 진행되며, 실험실과 현장의 조건도 다르기 때문이다. 그래서 ① 현장에 어떤 수요가 있는지 파악하고, ② 수요와 관련된 뇌과학 지식이 있는지 알아보고, ③ 필요하다면 뇌과학 연구를 더 진행하거나, ④ 이미 밝혀진 지식을 현장에서 확인하며 다듬어가는 과정이 필요하다. 요컨대 현장 적용 연구가 필요한 것이다.

뇌과학을 공부하는 현장 전문가

현장 연구가 가능해지려면 뇌에 대해 기본적인 지식을 갖춘 사람이 현장에 많아져야 한다. 강연을 다니면서 "안타깝지만 뇌과학은 현장에 구체적인 조언을 주지는 못합니다, 현장 적용 연구가 필요합니다"라는 말을 참 많이 했는데, 안타까운 말만 하느니 작은 씨앗이라도 싹 틔우고 싶어서 '비블리'라는 회사와 함께 프로젝트를 진행한 적이 있다. 청소년의 뇌 발달을 이해하는 데 도움이 될 만한 책들을 큐레이션해서 판매하는 프로젝트였다. 이 프로젝트를 통해서 사람들이 주변의 청소년들과 본인의 지나간 청소년기는 물론, 뇌과학에 대해서 좀 더 깊이 이해하게 되기를 바랐다.

현장의 수요

앞에서 쓴 것처럼 현장 연구가 이뤄지려면, 현장에 어떤 수요가 있는지도 파악되어야 한다. 그래서 구매자들로부터 최대 세 개씩의 질문을 받아 아카이빙을 했다. 구매 고객의 질문만 아카이빙한 것은, 돈과 시간을 들여서 고민할 만큼 뇌과학과 교육에 대해서 진지하게 고민해본 사람들의 질문을 선별하기 위해서였다. 질문과 답은 구매 고객에게 우선 공개된 뒤, 반년쯤 지난 뒤에 모든 사람에게 공개할 예정이었는데, 안타깝게도 질문이 충분히 많이 모이지 못했다.

언젠가 다른 누군가라도, 충분히 많은 질문을 모아서 이 질문을 바탕으로 석사 논문이라도 하나 내기를 바란다. 그래야 현장 연구에 대한 필요가 지금보다 더 깊이 이해되고, 더 널리 알려질 수 있기 때문이다.

과학 커뮤니티

현장 연구가 진행되려면 한 가지가 더 필요하다. 바로 함께할 커뮤니티다. 뇌과학과 교육 현장에 관심을 가진 사람들의 커뮤니티가 있어서 어쩌다 한 번씩은 "이 주제로 나랑 같이 공부해볼 사람!", "오늘 어디어디서 번개할 사람!" 하고 모일 수 있어야 한다(선생님들이 지역별로 이미 잘하고 있는 일이기도 하다).

그래서 구매자들이 서로 교류할 수 있는 온라인 그룹을 개설했다. 온라인으로나마 나와 비슷한 관심을 가진 사람들을 만나 읽은 것을 나누면, 읽는 과정도 덜 힘들 테고, 읽고 나서도 남는 게 많을 터였다. 그러다가 죽이 맞는 사람을 만나면 스터디 그룹을 짜도 좋을 것이라고 예상했다. 관리하기가 쉽지 않은 등 여러 가지 이유로 활동이 오래 지속되지는 못했지만 의미 있는 시도였다고 생각한다.

항공기와 로켓이 발달하던 초기에는 SF 동호회 등 아마추어 과학자들의 기여가 컸다고 한다. 우리나라에서 과학 대중화가 활발해진 지도 이제 몇 년이 지났으며, 요즘에는 과학 서적은 물론, 과학 유튜브, 과학 팟캐스트, 과학관, 과학 강연도 많다. SF와 메이커 문화에 대한 관심도 늘어나고 있다. 변화의 속도가 빨라지면서 평생교육이 중요해지고, 저녁이 있는 삶을 누리는 직장인도 늘어나고 있다. 다양한 연령대, 다양한 분야의 아마추어 과학자들이 저녁이면 근처의 대학이나 메이커 스페이스에 모여서 반쯤은 취미 삼아 뭔가를 만들고 배우고 시도한다면, 사회가 훨씬 더 재미있고 역동적으로 변하지 않을까?

5. 가짜과학 판별법

└→ —

강의장에서 받은 가장 기억에 남는 질문은, "가짜과학과 진짜과학을 어떻게 구별하나요?"이다. 가짜과학과 진짜과학을 구별하는 일이 얼마나 어려운지 절실하게 공감하기 때문이다. 과학자들조차 본인의 전문 분야가 아닌 분야의 가짜과학에 속을 수 있다. 질문을 받았을 당시에는 몇몇 신뢰할 만한 매체를 소개해주고 넘어갔다. 그때 다하지 못했던 말을 이제야 전한다.

—

가짜과학은 불필요한 불안을 조장하고 엉뚱한 곳에 돈과 에너지를 낭비하게 하며, 정말로 피해야 할 위험을 피하기 어렵게 만든다. 예컨대 장재연 박사의 책 『공기 파는 사회에 반대한다』에 따르면 미세먼지에 대한 가짜과학은 미세먼지에 대한 효과적인 대응을 방해하고 공포만 조장한 측면이 크다고 한다. 그래서 가짜과학에 대한 효과적인 대응은 반드시 필요하고 매우 중요하다.

가짜과학에 대응할 때의 미묘한 측면

그런데 가짜과학에 대해 지나치게 공격적인 분위기는 의도치 않게 부정적인 결과를 낳을 수 있다. 첫째, 가짜과학에 속지 않으려면 지식이 필요하기는 하지만, 지식과 논리만으로 가짜과학을 혁파하기란 어렵다. 앞선 글에서 다뤘듯이 가짜과학이라는 특정한 오해가 여러 사람 사이에 널리 퍼진 것은 감정적인 이유도 크기 때문이다. 마음이란 공격받을수록 방어적으로 변하게 마련이어서, 가짜과학에 공격적인 분위기는 이미 가짜과학에 호도된 사람들을 설득하는 데는 부적합하다.

둘째, 공익을 위해 중요하거나 많은 사람이 궁금해하지만 정규 과학에서는 아직 다뤄지지 않은 주제가 연구되기 어렵다. 사회경제적인 지위와 뇌 발달의 상호작용을 생각해보자. 이 주제는 어떤 복지정책이 더 효과적이며 어떤 사회가 더 정의로운지 따져볼 때 매우 중요하다. 만일 사회경제적으로 낮은 지위가 뇌 발달에 나쁜 영향을 준다면, '개인의 성공은 노력에 달렸으며, 가난한 사람들은 게을러서 가난하다'라는 널리 퍼진 생각은 수정되어야 한다. 이 생각은 어떤 사회가 정의로운지에 대한 판단에 큰 영향을 끼쳐왔으므로, 이 생각이 바뀌면 복지정책도 바뀔 수 있다.

시민들이 중요하게 생각하는 주제를 정규 과학에서 다루지 않는 것은, 과학자들이 필요성을 인식하지 못했기 때문인 경우도 있지만 과학적 방법론에 따라 엄밀하게 연구할 수단이 없기 때문인 경우가 많다. 예를 들어 사회경제적인 지위와 뇌 발달의 상호작용을 연구하려면 살아 있는 사람의 뇌 구조를 면밀하게 살펴볼 수 있어야 하는데 10여 년 전까지는 이런 기술이 충분히 발전하지 못했다. 또 사회경제적인 지위를 명확하게 정의하고 그 정의에 따라 어떤 사람이 어느 지위에 속하는지 분류할 수 있어야 하는데, 복잡한 사회에서는 이런 분류부터가 어렵다.

과학을 과학답게 하는 것은 과학적 방법론이기에 연구 과정이 엄밀하지 않은 연구는 의도가 아무리 훌륭해도 진짜과학이 아니다. 그래서 사회경제적인 지위와 뇌 발달의 상호작용을 연구하는 학자들은 연구 수단을 개발하는 활동을 병행하고 있다. 또한 현재의 연구 수단에 이런 한계점들이 있으니, 이 연구를 확대 해석해서는 안 된다고 자발적으로(그리고 적극적으로) 드러내서 강조한다. 이처럼 연구 수단의 한계점을 구체적으로 명백히 밝히는 것은 과학자 집단이 현재의 한계를 함께 해결해가는 데 도움이 된다.

과학은 소수의 대가가 아닌 과학자 집단이 증거를 겨루는 집단적인 활동이다. 그래서 어떤 명제(예: 인간의 활동으로 기후변화가 일어나고 있다)든, 해당 명제를 지지하는 강력한 증거가 충분히 축적된 후에야(다수의 논문이 나온 후에야) 과학자 집단에 받아들여진다. 사회경제적 지위와 뇌 발달처럼 정규 과학이 좀처럼 다루지 않았던 주제는 이미 충분히 연구된 주제들에 비해 연구 수단이 상대적으로 부실하고, 기존에 출간된 증거도 적다. 그래서 초기에는 과학자들 사이에서도 가짜과학이라고 비판하는 경우가 있다. 굳이 시간을 내서 변방의 낯선 주제를 따져보는 사람은 드물고, 그러다 보면 연구 과정의 과학성을 면밀히 따지기보다는 '정규 과학이 자주 다루는 연구 주제냐, 아니냐'만으로 가짜과학 여부를 판별하게 마련이다. 이런 상황에서 가짜과학에 대해 지나치게 공격적인 분위기가 형성되면, 공익을 위해서는 필요하지만 정규 과학이 아직 포용하지 못한 주제에 대한 연구를 위축시킬 수 있다. 누구도 가짜과학자로 오인받기를 원하지 않기 때문이다. 예를 들어 우리나라에서는 '명상'이라는 단어만 듣고도 사이비라고 간주하는 경우가 많다. 하지만 실리콘 밸리, 상담 치료 등에서 명상이 널리 활용되자, 미국과 유럽 등지에서는 명상이 뇌에 어떤 변화를 가져오는지 연구하기 시작했다. 명상의 역사는 미국보다 우리나라가 훨씬 긴데도 미국만큼 활발히 연구되지 못한 데는, 명상이 사이비라는 인식도 일조하지 않았을까 싶다.

가짜과학 판별법 ①: 매체

현대 사회에서 과학은 중세 시대의 종교처럼 절대적인 신뢰를 얻고 있다. 그래서인지 과학을 거론하면서 자신의 경제적·정치적·신념적 이익을 도모하는 활동(가짜과학)이 갈수록 늘어나고 있다. 어떻게 하면 사회에 꼭 필요한 연구를 저해하지 않으면서도 가짜과학에 효과적으로 대응할 수 있을까? 앞서 설명한대로 '과학은 과학적 방법론에 따라 증거를 겨루는 집단의 활동'이라는 점만 이해하면, 충분한 지식을 갖추지 않고도 가짜과학과 진짜과학을 판별할 수 있다.

첫째, 과학자들은 과학적 방법론에 따른 엄밀한 연구 과정을 중시하기 때문에, 이 과정을 면밀하게 심사할 체계를 갖추었다. 비슷한 분야에 있는 과학자들의 심사(동료 평가)를 거친 연구만 학계에 발표될 수 있게 한 것이다. 따라서 과학자들끼리 다툴 때는 여러 말을 할 필요 없이 중요한 논문만 몇 개 보내주면 된다. 좀 따분하고 길지언정 논문에는 연구의 과정과 결과가 충실히 드러나 있고, 논문으로 발표되기 전에 동료 평가를 거쳤기 때문이다.

하지만 본인의 정치적·경제적 이익을 추구하는 이들은 많은 사람이 쉽게 접할 수 있는 매체와, 자극적이어서 기억하기 좋은 내용을 활용한다. 예를 들어서 과학자 개인의 사적인 정보를 담은 유튜브, 가짜 뉴스, 신문기사 등을 활용한다. 혹은 해당 분야의 전문가는 아니지만, 대체로 권위 있다고 알려진 집단이나 인물을 거론하며 신뢰성을 입증하려고 한다.

가짜과학 판별법 ②: 한계 설명과 과장

둘째, 진짜과학은 연구 수단에 한계가 있으면 소상히 밝히고 공개적으로 언급해서 다른 과학자들과 함께 연구 수단을 개선하고자 한다. 자연계의 진리 탐구가 목적이기 때문이다. 예컨대 앞서 언급한 명상에 대한 뇌과학 연구도 아직까지는 연구 수단에 이런 한계가 있으니 개선이 필요하고 해석에도 유의해야 한다고 (면피용이 아니라) 내놓고 거론한다. 하지만 정치적·경제적 이익, 또는 특정 신념의 확산이 목적인 이들에게는 어떻게든 더 많은 사람이 자신들의 주장을 믿게 하는 것이 중요하다. 그래서 연구 수단에 한계가 있어도 거론하지 않고 숨긴다.

연구 결과를 확대 해석하기도 한다. 예를 들어서 '뇌과학 또는 뇌호흡으로 인지 능력을 향상시킨다'는 거짓 주장이다. 인지 능력에는 작업기억, 장기기억, 집중력, 사고력, 언어 능력, 공간감각 능력 등 여러 가지 능력이 관여하며 측정하기도 쉽지 않다. 그래서 이 모든 측면에 대한 증거를 모으려면 방대한 연구가 필요하다. '명상 등 어떠어떠한 조치를 누구에게, 어떤 주기로, 얼마나 실시했더니, 특정한 문제를 해결하는 방식이 어떠어떠하게 변하더라'가 정확하다.

가짜과학 판별법 ③: 용어

셋째, 학문적으로 엄밀한 소통을 위해서는 용어를 정확하게 사용해야 한다. 특히 물리적인 증거를 제시해야 하는 과학에서는 측정을 할 수 있어야 하고, 측정을 할 수 있으려면 측정 대상에 대한 정의가 명확해야 한다. 그래서 함부로 새로운 단어를 도입하지 않으며, 논문을 심사하는 과정에서 단어 하나로도 오래 다투는 경우가 많다.

가짜과학으로 자신의 이익을 도모하려는 사람들은 이와 다르다. 넘쳐나는 상품과 주장들 사이에서 돋보이려면 뭔가 남달라 보이고 색다른 용어를 활용하는 것이 좋다. 따라서 색다르고 신선해 보이지만 국내외에서 널리 쓰이지 않고 의미도 명확하지 않은 용어를 활용한다면 주의해야 한다. 『공기 파는 사회에 반대한다』에서도 우리나라에서만 '초미세먼지'를 다른 의미로 사용하는 것이 혼란을 유발한 중요 원인 중의 하나라고 지적하고 있다.

가짜과학 판별법 ④: 가짜과학에 대한 태도

넷째, 본인이 좋아해서 업으로 삼은 일이 다른 사람을 속이거나 해치는 데 이용되는 것을 좋아하는 사람은 드물다. 그래서 과학자들은 대체로 가짜과학을 혐오한다. 나아가 본인의 전공 지식이 악용되는 것을 막고자 사이비를 지적하는 한편, 본인의 전문 분야가 시민들에게 정확하게 이해되고 선용되도록 적극적으로 나서기도 한다. 뇌과학자들이 주축이 되어서 생겨난 신경윤리학이 이런 분야다.

하지만 가짜과학에 종사하는 사람들은 다르다. 일단 비슷한 주장을 하는 무리를 키우기 위해서든, 시장을 키우기 위해서든 사이비에 적극적으로 대응하지 않는다. 사람들이 이해 부족으로 혼란을 겪거나 사이비 때문에 피해를 보는 시민이 생겨도 이를 해결하기 위해 적극적인 노력을 기울이지 않는다. 가짜과학이 다른 가짜과학을 공격하기란 어렵기 때문이다.

그러다가도 주류 과학자들 사이에서 '가짜과학'이라는 지적이 나오면, 대단히 공격적으로 돌변한다. 해당 지적을 한 과학자의 신상을 캐어 가짜 뉴스를 퍼트리거나 소송을 걸어 번거롭게 하면서 괴롭힌다. 이렇게 해야 다른 과학자들도 겁을 먹고, 함부로 가짜과학이라고 지적하지 못하기 때문이다. 팔이 어느 쪽으로 굽는지를 보면(사이비와 주류 과학 중 어느 쪽을 더 공격하는지를 보면), 누구 팔인지가 드러나는 것이다.

앞의 네 가지는 전문지식이 없어도 확인할 수 있는 행태이므로 가짜과학을 판별할 때 활용될 수 있다.

당부

『의혹을 파는 사람들』이라는 책(다큐멘터리도 있다)은 가짜과학을 유포하는 이들이 어떻게 시민을 속이고, 과학자들을 공격하는지 소개한다. 이 책은 가짜과학을 유포하는 이들에게 시달리다 못해 직장을 떠나는 과학자의 이야기와 함께 시작된다. 실제로 가짜과학을 유포하는 이들이 사용하는 가장 대표적이고 효과적인 무기는 (논문으로 겨룰 뿐인 진짜과학자들은 거의 사용하지 않는) 언론을 통한 인신공격과 소송이다. 아무리 과학자들이 본인의 전공이 악용되는 것을 꺼리더라도 자기 삶을 포기하면서까지 시민들을 위해 가짜과학과 대결할 수는 없기 때문이다. 과학자처럼 보이는 두 집단이 다투고 있는데, 둘 중 한쪽 집단에서 앞의 네 가지에 해당하는 행태가 발견되면, 진짜과학을 보호할 수 있도록 시민들도 적극 나서주시기를 바란다.

맺음말

과학과 기술의 빠른 발전에 불안감을 느끼는 이들이 적지 않다. 사람들이 이처럼 미래를 두려워하는 것은 블록버스터급 SF 영화의 탓도 적지 않다고 생각한다. 〈블레이드 러너 2019〉, 〈블레이드 러너 2049〉, 〈에이.아이.A.I.〉, 〈클라우드 아틀라스〉와 같은 영화의 배경은 대개 어두침침하다. 도저히 건널 수 없을 것 같은 빈부격차의 한편에는 최첨단 기술이 반짝이고, 반대편에는 거칠고 무식하고 가난한 이들이 음식 같지도 않은 것을 먹으면서 살아간다. 이 가난한 자들은 초라하고 나약한 배경일 뿐 아무것도 해내지 못한다. 서부영화에서 주인공이 멋들어지게 총질을 하는 동안 마을 주민들이 수동적인 역할에 머무는 것과 비슷한 모양새다. 인간이 아닌 인공지능이, 제국주의 시절의 열강들처럼 인간을 지배하려는 '인간적인' 모습을 보여주기도 한다. 영화 〈터미네이터〉, 〈아이, 로봇〉, 〈매트릭스〉, 〈어벤져스〉 등이 그렇다. 서양 국가들이 그린 이 그림이, 인공지능이 발전한 미래 사회에 대한 유일하게 합리적인 그림일까?

2년 전, 〈블레이드 러너 2049〉를 보면서 할리우드식 SF가 그리는 미래에 처음으로 의문을 품게 되었다. 〈블레이드 러너 2049〉의 앞부분에 나오는 주방은 1990년대 나온 시트콤 〈프렌즈〉 속의 주방과 너무도 비슷했다. 1990년대에서 2049년 사이 무려 50여 년 동안, 〈블레이드 러너 2049〉 수준으로 기술이 발전하는 동안 주방만은 그대로라는 게 말이 되는 설정일까? 혹시 미국에서 나온 SF 작품은 서부영화처럼 미국인의 로망과 세계관을 담고 있는 게 아닐까? 그래서 SF의 주 무대가 되는 공간도 주방을 제외한, 황량한 무법 지대 같은 공간이 아닐까? 만일 그렇다면 같은 기술로 다른 미래를 그려볼 수도 있지 않을까?

다양한 작용점과 시민사회

말이야 좋지만 과학과 기술의 발전처럼 거대한 흐름을 바꾸는 것은 어렵게만 느껴진다. 과연 우리가 이처럼 거대한 흐름을 바꿀 수 있을까? 흐름을 아예 막는 것은 불가능할지도 모른다. 하지만 빠르게 날아가는 공을 살짝 건드려서 방향을 바꾸는 것처럼, 기술이 가져올 변화의 방향을 살짝 틀어볼 수는 있을지도 모른다. 과학과 기술은 현재의 인프라스트럭처, 현재의 사회제도, 현재의 가치관이라는 맥락 속에서 작동하기 때문이다. 예컨대 코로나와 관련된 과학 지식 및 기술 수준은 주요 선진국들이 비슷한데도 코로나에 대한 대응 수준이 천차만별인 것은 나라마다 제도와 가치관이 다르기 때문이다.

좀 더 일상적인 사례도 있다. 여러 나라에서 지하철이라는 교통기술을 이용해왔고, 지하철 추락 사고도 겪었지만 여기에 대응하는 방법은 나라마다 다르다. 지하철이 노후화된 뉴욕에서는 엄두를 내지 못하고 방치해왔지만, 마찬가지로 지하철이 오래된 런던에는 스크린도어가 설치된 구간이 제법 있다. 일본에서는 지하철 자살자의 유가족에게 고액의 손해 배상을 청구하지만 한국에서는 스크린도어를 설치했다. 지하철처럼 오래된 기술에 대해서도 나라마다 구체적인 풍경이 다른 것이다.

점점 더 많아질 인공지능, 빅데이터와 개인정보 보호의 충돌도 제도, 인프라, 가치관이라는 맥락 안에서 작동할 것이다. 다행스럽게도 기술 우위를 확보한 대다수 선진국들은 민주주의를 채택하고 있으며, 시민들이 제도와 인프라 구축에 작지 않은 영향을 줄 수 있다. 이에 따라 시민들이 과학과 기술을 이해하고, 과학과 기술의 연구와 적용에 참여하는 것이 갈수록 중요해지고 있다.

한편 개인이 영향을 미칠 수 있는 작용점도 많아지고 다양해지고 있다. 사회처럼 유기적으로 연결된 네트워크에서는 얼핏 보기에 동떨어진 것들의 상호작용과 우연적인 창발을 통해 수없이 많은 장래 중 하나가 되어가기 때문이다. 예를 들어서 최신 인공지능의 발전에 중요한 역할을 한 그래픽처리장치GPU는 인공지능을 위해 개발된 것이 아니다. 고화질 컴퓨터 게임과 같은 엔터테인먼트를 위해 개발한 그래픽처리장치가 나중에 보니 인공지능에도 유용했던 쪽에 가깝다. 수백 년 전이었다면 게임이 기술 발전에 이렇게 중요한 작용점이 될 수 있었을까.

다른 처지에서 다른 경험을 해온 사람일수록 다른 작용점을 알아보기가 쉽다. 인공지능 비서가 아이들에게 끼칠 영향은 인공지능 개발자들에게는 보이지 않을 수 있지만, 아이를 키우는 주부나 교육학자에게는 단번에 보일지도 모른다. 그러니 다양한 배경을 가진 집단일수록 다양한 작용점을 알아보고 활용하는 능력이 높을 수 있다. 실제로 여러 분야를 융합하는 논문일수록 오래 인용되고 많이 인용되는 경향이 있다고 한다. 최근 들어 다양성이 강조되는 것도 이런 이점 때문일지도 모르겠다.

힘의 강약을 바꾸는 판도

힘이 센 사람, 거대한 자본과 최첨단 기술을 가진 글로벌 기업, 군사력과 기술력을 확보한 선진국들을 떠올리면 시민들의 노력으로 원하는 장래를 만들어간다는 것이 허황되게 여겨진다. 하지만 힘이 작용하는 여건이 바뀌면 누가 강하고 약한 사람인지도 바뀌게 마련이다.

우선 기술은 사람들이 상호작용하는 양식을 바꾼다. 예를 들어 인공지능이 언젠가 인간의 지능을 넘든 넘지 못하든, 인공지능은 사람들이 시간을 보내고 상호작용하고 돈을 벌고 일하는 방식을 바꿀 것이다. 이렇게 변하는 것들 중에는 성역할도 포함될 수 있다. 『장하준의 경제학 강의』에 따르면 세탁기를 비롯한 가전제품이 가사 노동의 부담을 줄여 여성의 사회 진출을 돕고, 여성들의 경제력을 신장시켜 여성들이 참정권을 얻는 데도 기여했다고 한다. 인공지능은 아마 세탁기를 훨씬 뛰어넘는 변화를 가져오지 않을까. (번식을 하지도 않는 로봇이 왜 여성형이어야 하느냐는 비난이 있기는 하지만) 육아와 간병 목적으로 개발되고 있는 수많은 로봇은, 주로 여성들이 수행하는 돌봄 노동의 부담을 줄여주기 때문이다. 또한 사람보다 강하고 죽지 않는 로봇은 육체적인 힘의 차이를 무의미하게 만들 수 있다.

국가 간에 힘이 작동하는 방식도 변할 수 있다. 기후변화가 갈수록 심해지고 있기 때문이다. 갈수록 뜨거워지는 여름, 북극의 제트기류를 타고 찾아오는 한파, 해마다 심해지는 태풍과 가뭄, 그때마다 오르는 농수산물 가격을 통해 이미 많은 사람이 기후변화를 체감하고 있다. 기후변화로 인한 충격(물 폭탄과 눈 태풍 등)은 미국처럼 잘사는 나라도 예외가 아니고, 아무리 기술이 발전해도 사람은 먹어야 살기에 각국은 주판알을 튀기고 겨루면서도 모였다 흩어지기를 반복하고 있다.

기후변화처럼 큰 위기 앞에 지구적인 협력이 필요하다는 사실은 아이러니하게도 약한 나라, 약한 사람도 존중받는 여건을 만들 수 있다. 절명의 위기 앞에서는 세상에서 핵을 가장 많이 가진 나라도 핵무기를 사용하지 않았고, 오존층이 파괴될 상황에서는 부유한 나라들이 양보한 것처럼. 더욱이 선진국은 기후변화를 많이 일으킨 나라가 아닌가. 이렇게 국가 간 관계가 변할 때는 아무리 거대한 다국적기업이라도 마음대로 할 수 없다. 원자재의 생산과 제품의 유통은 안정적인 기후와 제도에서나 가능하기 때문이다.

내가 그리는 그림

시오노 나나미의 책 『르네상스의 여인들』을 보면 혼란스럽던 르네상스 초기에는 스포르차처럼 농사꾼이던 사람도 귀족이 될 수 있었지만, 사회가 안정된 후에는 그러기 어려웠다는 이야기가 나온다. 인공지능을 비롯한 기술 발전에는 분명 위험 요소가 있고 기후변화도 거대한 재앙이지만 거기에는 기회가 될 여지도 있다. 피할 수 없다면 원하는 장래를 함께 논의하고, 지금의 상황을 최대한 활용해서 유리한 방향으로 움직여보기라도 해야 한다. 그러다 보면 77억 명이 함께 사는 지구에서 내 마음에 꼭 들어맞는 장래를 그대로 실현하지는 못할지라도, 방향을 살짝 틀어주는 것 정도는 할 수 있을 것이다.

빠른 추격자Fast-follower였던 우리가 선도자First-mover가 되기 위해

가장 먼저 해야 할 일도 원하는 장래를 스스로 그려보는 일일지도 모르겠다. 남이 그린 그림을 두려워하면서 따라가는 게 아니라, 우리의 그림을 그리고 남들이 그 그림에 따라오게 하는 것. 이 편이 훨씬 더 폼 나고 재미있지 않은가.

남들이 따라오게 할 만큼 매력적이고 설득력 있는 그림을 그리려면 과학을 정확하게 이해하되 나라는 맥락, 사회라는 맥락과 연결 지을 수 있어야 한다. 비록 주방에 대한 상상력은 부족했을지언정, 할리우드식 SF 영화의 저변에는 과학에 대한 깊은 이해와, 과학과 인간 사회에 대한 진지한 성찰이 있었다. 그래서 관객들이 주방과 빈부격차 같은 클리셰를 알아차리지도 못할 만큼 설득력이 있었다.

과학에 대한 깊은 이해와 인간 사회에 대한 진지한 성찰이 이뤄지려면 시민과 소통하는 과학, 과학과 소통하는 시민이 필요하다. 시민과 소통하는 과학, 과학과 소통하는 시민을 통해 새로운 그림을 그리고 실현해가는 것, 그것이 내가 이 책을 통해 여러분과 함께 이뤄가고 싶은 목표다. 우리나라의 과학기술 수준으로 보나, 영화의 수준으로 보나, 빠르게 성장하는 국내 SF로 보나, 우리도 이제는 멋들어진 SF 영화를 만들어 사람들의 생각을 뒤흔들어볼 때가 되지 않았나. 폼 나는 당신의 그림, 폼 나는 우리의 그림을 기다리며.

부록: 과학 논문 찾는 법

책이나 기사를 읽은 뒤, 더 깊은 내용이 궁금해지는 경우가 있다. 궁금해하는 내용이 적어도 몇 년 전의 연구 성과에서 나온 것이라면 책을 통해서 공부할 수 있다. 많은 한국인이 관심을 가지는 내용이라면 한국어 책도 있을 수 있다.

하지만 궁금해하는 내용이 최신 과학기술 성과라면, 책은 도움이 안 된다. 책은 상당한 연구가 누적된 뒤에야 나올 수 있기 때문에 논문에 비해 최소 몇 년, 경우에 따라서는 10년 이상 늦을 수밖에 없다. 책의 일부분을 다른 책에서 인용하고, 그 내용을 다른 책에서 또 인용하는 식으로 확산되다 보면 수십 년까지도 늦을 수 있다.

결국 최신 과학기술 성과가 궁금하면 논문을 봐야 한다. 그런데 본인의 전공 분야가 아닌 분야의 논문은 어디서 어떻게 찾아야 할지부터가 막막하다. 애써 찾아낸들 (나에게 꼭 필요한 내용일지 아닐지 확신할 수 없는 상태로) 몇만 원을 지불해야 하는 유료 논문일 때도 많다. 그랬던 분들을 위해서 생명과학/의학 및 인공지능 분야의 논문을 찾는 방법을 소개한다.

검색을 위한 웹페이지

1. 펍메드(PubMed): 생명과학 분야와 의학 분야의 논문은, https://pubmed.ncbi.nlm.nih.gov/에서 검색하면 된다. 주소에서 알 수 있듯이 미국 국립보건원(NIH)에서 운영하는 곳이다.

2. 아카이브: 인공지능 논문들은 google에서 바로 검색하거나 https://arxiv.org/에서 검색된다. 다만 arxiv(아카이브라고 읽는다)에는 동료 평가를 거치지 않은 출판 전 논문preprint이 실리는 경우가 많으니 주의해야 한다. 동료 평가를 거치지 않은 논문은 그 결과를 온전하게 신뢰하기 어렵기 때문이다. 생명과학 분야의 아카이브는 bioRxiv인데, 2020년 봄, 코로나가 한창 퍼질 무렵, 미디어에서 저널과 BioRxiv에 실린 출판 전 논문을 구별하지 못한 탓에 혼란이 초래되었던 적이 있다.

논문의 종류

1. 연구 논문: 특정한 연구의 배경, 방법, 결과와 결과에 대한 논의를 담은 글이다. 특정한 연구에 대해 구체적으로 알기에는 좋지만 전공자가 아니면 이해하기가 어려울 수 있다. 또 과학 논문은 비전공자의 입장에서는 쪼잔하게 여겨질 만큼 좁은 범위의 문제를 다루기 때문에, 다양한 내용을 알고 싶은 비전공자의 필요에는 맞

지 않을 수 있다. 특정 연구 집단의 견해를 관련 분야 연구자 전체의 의견으로 오해할 위험도 있다.

2. 프리뷰(Preview): 《Neuron(뉴론)》, 《Nature(네이처)》, 《Science(사이언스)》, 《Nature Neusoceince(네이처 신경과학)》 등의 저널에서는, 해당 저널에 출간된 논문 중에서도 특별히 재미있고 의미 있는 논문들을 골라서 비교적 쉽게 이해할 수 있도록 1~2쪽으로 요약한 글을 낸다. 일단 길이가 짧아서 읽기 좋고, 관련 분야의 전문가가 서술하기 때문에 해당 연구를 보다 넓은 맥락에서 볼 수 있다. 프리뷰를 지칭하는 명칭은 저널마다 조금씩 다를 수 있고, 프리뷰의 제목도 논문의 제목과 다르기 때문에 찾으려면 약간의 노력이 필요하다. 먼저 저널 홈페이지에서 내가 관심을 갖는 연구 논문을 실은 페이지로 이동한다. 만일 그 논문의 프리뷰가 있다면, 해당 페이지에서 이 논문이 어느 글(또는 쪽)에 인용되었는지 링크가 보인다. 이 링크를 클릭하면 프리뷰를 볼 수 있다.

3. 리뷰: 최신 논문을 정리해서 특정 주제에 대한 최신 동향을 소개하는 글이다. 이 글이 비전공자가 읽기에는 가장 좋다. 해당 분야를 잘 아는 연구자가, 중요한 논문들을 두루 읽고, 체계적으로 정리한 글이기 때문이다.

무료 논문 찾는 법

과학 연구는 대개 시민들의 세금으로 진행된다. 그래서 몇 년 전부터 시민들에게 연구 성과를 공개해야 한다는 목소리가 높아졌다. 시민들이 극도로 축약된 미디어의 취재로만 과학을 접했을 때 생기는 폐해를 막기 위해서라도 논문 공개는 필요한 일이었다. 이처럼 시민들이 무료로 논문을 볼 수 있게 하는 것을 공개형 접근open-access이라고 한다.

공개형 접근이 중요하다는 인식이 확산됨에 따라 몇몇 저널은 연구가 출간된 지 6개월 정도가 지나면 누구나 무료로 읽어볼 수 있도록 접근을 허용하고 있다. 《Journal of Neuroscience》, 《PNAS(미국 국립과학원회보)》등이 여기에 해당한다. 《eLife》처럼 저널에 실린 모든 논문을 공개하는 공개 접근형 저널도 늘어가고 있다.

하지만 공개 접근형 논문(또는 저널)이 아니어도, PubMed에서 논문을 검색할 때 왼쪽에서 'Free full text'를 클릭하면 된다. 그러면 전문을 무료로 읽을 수 있는 논문들만 보여주는데, 읽고 싶은 논문을 클릭해서 들어간 뒤에 우측 상단에서 'PMC full text'를 클릭하면 된다. PMC(PubMed Central)에는 논문뿐 아니라 교과서나 보고서가 통째로 올라와 있는 경우도 많다. 앞서 언급한 공개 접근형 논문/저널들도 모두 PMC에서 볼 수 있으니, 생물학/의학 분야의 무료 논문을 찾고 싶다면 가장 먼저 PubMed에서 'Free full text' 옵션으로 검색해볼 것(또는 PMC에서 바로 검색할 것)을 추천한다.

아카이브에 실린 논문들은 모두 무료로 읽을 수 있다. PubMed에 무료로 올라오지 않은 논문이어도, google scholar에서 검색해보면 가끔 무료 pdf가 올라와 있는 경우가 있다.

저작권이 무료인 자료를 구하는 법

논문을 무료로 읽을 수 있는 것과, 논문 속에 있는 그림과 동영상을 다른 곳에 영리적 또는 비영리적 목적으로 활용하는 것은 다른 일이다. 논문 속의 자료를 활용하려면 대부분의 경우, 저널에 사용 허가를 요청하고 비용을 내야 한다.

내가 과학 칼럼을 쓰면서 가장 고통스러웠던 것도 이 부분이었다. 과학을 시각자료 없이 설명한다는 것은 대단히 어려운 일인데, 저작권이 확보된 그림과 동영상은 극도로 구하기 어려웠다. 글을 쓰는 데 걸리는 시간보다 쓸 수 있는 그림과 영상을 찾는데 데 더 많은 시간이 소요되었던 적도 많다.

이 비밀을 나 혼자만 알고 있으면, 나만의 무기가 될 것이다. 하지만 콘텐츠 강국 대한민국에서 양질의 과학 콘텐츠가 더 많이 나오길, 그래서 언젠가 BBC 다큐멘터리보다 뛰어난 콘텐츠가 많이 나오고 과학 문화도 활성화되길 바라는 마음으로 공유한다.

논문이 공개형 접근이어도 저작권은 무료가 아닌 경우가 많다. 논문별로 하나하나 확인하기란 대단히 어려운 일이므로 앞서 설명한 공개형 접근 저널들을 중심으로 검색하는 편이 낫다. 《eLife》, 《Nature》, 《Communications》, 《Scientific Reports》와 《PLoS》(Public library of Science)의 자매지들(PLoS Biology 등), 《Frontiers》의 자매지 (Frontiers in Immunology 등)들이 공개 접근형 저널들이며 대개 CC-BY 4.0 라이선스로 논문이 올라온다.

공개형 저널을 둘러싼 뒷이야기

논문 공개는 저널들의 횡포 때문에 촉진된 측면도 있다. 저널에 실리는 논문은 학자들이 작성해서, 학자들이 무료로 동료 평가를 해준 끝에 저널에 실린다. 그럼에도 학자들이 저널에 논문을 실으려면 수십만 원에서 수백만 원의 돈을 내야 했고, 논문을 읽을 때도 비싼 구독료를 내야 했다. 특히 많은 저널을 운영하는 공룡 저널들이 구독료를 높일 때마다 논문을 읽어야 연구를 할 수 있는 대학과 연구소는 부담이 커졌다. 심지어 본인이 쓴 논문을 연구실 홈페이지나 개인 홈페이지에 게시하는 것도 불법으로 간주되었으니 연구자들 입장에서는 불만이 쌓일 만도 했다.

이렇게 불만이 쌓이는 중에 2011년에는 논문을 무료로 볼 수 있는 해적 사이트까지 생겨났다. 이 해적 사이트는 알렉산드라 엘바키얀Alexandra Elbakyan이라는 여성 연구자가 미국 대학에서 인턴을 하다가 본국인 카자흐스탄으로 돌아간 뒤에 만들었다. 미국 대학에 비해서 돈이 부족한 카자흐스탄 대학은 저널을 많이 구독하지 못했고, 논문을 읽을 수 없으면 연구도 어려우니 불만이 많았던 듯하다. 그녀는 저작권 위반 등으로 여러 건의 소송을 당했지만, 해당 사이트는 최근까지도 운영되는 모양이다. 엘바키얀이 만든 해적 사이트는 분명히 불법이었지만, 연구자들이 저널에 대해 갖고 있던 불만이 크다는 것을 노골적으로 드러내는 사건이기도 했다(혹자는 그녀를 '과학계의 로빈 훗'이라고 부른다).

2018년에는 유럽연합 단위의 다소 극단적인 대응책(Plan S)까지 나왔다. 유럽 연합의 주요 연구재단들이 추진하는 이 계획의 주요 골자는, 연구 재단의 지원을 받은 모든 논문을 (출처를 표기하는 한) 무료 사용과 배포가 가능한 저작권으로 즉시 공개하겠다는 것이다. 또한 이를 위해서 저널에 비싼 돈을 지급하는 대신, 필요하다면 양질의 공개 접근형 저널을 만드는 일도 불사하겠다는 것이다. 저널의 위상이 논문의 위상으로 인식되어온 풍토가 남아 있기 때문에 연구자들이 유명 저널에 논문을 싣는 일을 포기하기란 쉽지 않을 것이다. 하지만 유럽연합에 속하는 연구 기관과 연구자들이 많은 만큼, 연구 결과가 공유되는 방식과 저널의 역할에 상당한 변화를 가져올 것으로 기대되고 있다.

NEUROSCIENCE

참고 자료

licenses/by-sa/4.0/deed.en

그림2: https://commons.wikimedia.org/wiki/File:SparrowTectum.jpg

그림4: Wig GS, 2017, "Segregated Systems of Human Brain Networks.", Trends Cogn Sci.

5. 성인의 해마에서는 신경세포가 새로 생길까, 생기지 않을까

Pilz G-A et al., 2018, "Live imaging of neurogenesis in the adult mouse hippocampus.", *Science*

Sorrells SF et al, 2018, "Human hippocampal neurogenesis drops sharply in children to undetectable levels in adults", *Nature*

Guglielmi G, 2018, "Neuron creation in brain's memory centre stops after childhood.", *Nature*

Moreno-Jiménez EP et al., 2019, "Adult hippocampal neurogenesis is abundant in neurologically healthy subjects and drops sharply in patients with Alzheimer's disease.", *Nat Med*

Underwood W, 2019, "New neurons for life? Old people can still make fresh brain cells, study finds.", *Science*

그림1: elifesciences.org/articles/00362/figures

https://commons.wikimedia.org/wiki/File:Human_brain_frontal_(coronal)_section_description_2.

개정판 서문

Scheufele DA, 2013, "Communicating science in social settings." PNAS 110: 14040-14047

Communicating Science Effectively: A Research Agenda, 2017, "The national academy's press", https://www.nap.edu/read/23674/chapter/4

뇌과학이란?

4. 정합성과 체계를 갖춘 지식

https://qbi.uq.edu.au/brain/brain-anatomy/types-neurons

https://www.ncbi.nlm.nih.gov/books/NBK10865/

Wig GS, 2017, "Segregated Systems of Human Brain Networks.", *Trends Cog Sci.*

그림1: https://creativecommons.org/

JPG

그림2: www.jneurosci.org/content/36/28/7407.long

6. 상상 너머 실제를 본다는 것

Liu T-L et al., 2018, "Observing the cell in its native state: Imaging subcellular dynamics in multicellular organisms." *Science*

글상자: 경이로운 풍경, 뇌

그림1, 그림2: http://mgl.scripps.edu/people/goodsell/illustration/public

그림3: https://en.wikipedia.org/wiki/File:DTI-sagittal-fibers.jpg

그림4: https://commons.wikimedia.org/wiki/File:Neuronal_explosion.jpg

7. 뇌 속 신경세포 860억 개, 그걸 어떻게 다 셌지?

Herculano-Houzel S & Lent R, 2005, "Isotropic Fractionator: A Simple, Rapid Method for the Quantification of Total Cell and Neuron Numbers in the Brain.", *J Neurosci*

그림1: https://commons.wikimedia.org/wiki/File:419_420_421_Table_04_01_updated

8. 과학 연구와 사회의 협업

Global neuroethics summit delegates et al, 2019, "Neuroethics questions to guide ethical research in the international brain initiatives.", *Neuron*

Salles A et al., 2019, "The human brain project: responsible brain research for the benefit of society.", *Neuron*

단절에서 연결로: 우리 뇌를 다시 보다

1. 뇌가 컴퓨터보다 효율이 높은 이유는?

Wang IE & Clandinin TR, 2016, "The Influence of Wiring Economy on Nervous System Evolution.", *Curr Biol.*

What is so special about the human brain? - TED Talks

『코끼리의 시간, 쥐의 시간』, 모토카와 다쓰오 지음, 이상대 옮김, 2018, 김영사

그림1: https://www.flickr.com/photos/functionalneurogenesis/7930156342
https://commons.wikimedia.org/wiki/File:Cytoskeletal_organization_of_dendritic_spines.jpg?uselang=ru

2. 몸과 마음, 생명이라는 하나의 불꽃이 만들어 낸 두 개의 그림자

Wager TD & Atlas LY, 2015, "The neuroscience of placebo effects: connecting context, learning and health.", *Nat Rev Neurosci.*

3. 내가 목마를 때 나의 뇌가 하는 일

Zimmerman CA et al., 2019, "A gut-to-brain signal of fluid osmolarity controls thirst satiation." *Nature*

Allen WE et al., 2019, "Thirst regulates motivated behavior through modulation of brainwide neural population dynamics.", *Science*

AC Huk & E Hart, 2019, "Parsing signal and noise in the brain.", *Science*

4. 감정은 '하등'하지 않다

Bechara, A, 1997, "Deciding advantageously before knowing the advantageous strategy.", *Science*

LeDoux JE,,2000, "Emotion circuits in the brain." *Annu. Rev. Neurosci.*

5. 하루 24시간: 빛의 리듬, 삶의 리듬

Logan RW & McClung CA, 2018 "Rhythms of life: circadian disruption and brain disorders across the lifespan.", *Nat rev neurosci.*

6. 협력하는 두 뇌의 동기화

Perez A et al., 2017, "Brain-to-brain entrainment: EEG interbrain synchronization while speaking and listening.", *Sci Rep.*

그림1: https://www.flickr.com/photos/tim_uk/8135749317
https://commons.wikimedia.org/wiki/File:Human_EEG_without_alpha-rhythm.png

7. 나를 위해 너를 공감한다

Adriaense JEC et al., 2019, "Negative emotional contagion and cognitive bias in common ravens(Corvus corax)." *PNAS*

Knapska E et al., 2010, "Social modulation of learning in rats.", *Learning & Memory*

Decety J et al., 2016, "Empathy as a driver of prosocial behavior: highly conserved neurobehavioral mechanisms across species." *Philos Trans R Soc Lond B Biol Sci*

8. 생쥐와 숨바꼭질하기

AS Reinhold et al., 2019, "Behavioral and neural correlates of hideand-seek in rats.", Science

9. 장내 미생물과 사회성

Sgritta M et al., 2019, "Mechanisms Underlying Microbial-Mediated Changes in Social Behavior in Mouse Models of Autism Spectrum Disorder.", *Neuron*

Vuong HE & Hsiao EY, 2019, "Gut microbes join the social network.", *Neuron*

2. 우울에 빠진 뇌

Adem C et al., 2012, "The Mouse Forced Swim Test.", *Journal of Visualized Experiments*

Barry TJ et al., 2018, "The neurobiology of reduced autobiographical memory specificity.", *Trends Cog Sci.*

글상자: 강제 수영 시험 연구의 타당성

"Depression researchers rethink popular mouse swim tests." *Nature* 2019.7.18.

3. 건강한 나이 듦

Cabeza R et al., *2018* "Maintenance, reserve and compensation: the cognitive neuroscience of healthy ageing.", *Nat Rev Neurosci*

Crick FC & Koch C *2005* "What is the function of the claustrum?", *Philos Trans R Soc Lond B Biol Sci.*

JV Pluvinage & T Wyss-Coray, 2020, "Systemic factors as mediators of brain homeostasis, ageing and neurodegeneration." *Nat Rev Neurosci*

LR Mujica-Parodi et al., 2020, "Diet modulates brain network stability, a biomarker for brain aging, in young adults.", *PNAS*

B Lehallier, 2019, "Undulating changes in human plasma proteome profiles across the lifespan.", *Nat Med*

4. 도파민의 두 얼굴, 보상과 중독

Volkow ND & Morales M, 2015, "The Brain on Drugs: From Reward to Addiction." *Cell*

Redish AD, 2004, "Addiction as a Computational Process Gone Awry.", *Science*

Maze I et al., 2010, "Essential Role of the Histone Methyltransferase G9a in Cocaine-Induced Plasticity." *Science*

A Carter et al., 2012, "Addiction Neuroethics: The Ethics of Addiction Neuroscience Research and Treatment.", *Academic Press*.

ND Volkow et al., 2016, "Neurobiologic Advances from the Brain Disease Model of Addiction.", *N Engl J Med*.

Heather N, 2017, "Q: Is Addiction a Brain Disease or a Moral Failing? A: Neither.", *Neuroethics*.

Lewis M, 2017, "Addiction and the Brain: Development, Not Disease.", *Neuroethics*.

5. 동기 부여의 기술

댄 애리얼리, 『댄 애리얼리, 경제 심리학』, 김원호 옮김, 청림출판, 2011.

6. 세상을 경험하는 오늘만의 방식

Johnson MB & Stevens B, 2018, "Pruning hypothesis comes of age.", *Nature*

Gilmore JH et al., 2018, "Imaging structural and functional brain development in early childhood." *Nat Rev Neurosci.*

Birnbaum R & Weinberger DR, 2017, "Genetic insights into the neurodevelopmental origins of schizophrenia." *Nat Rev Neurosci.*

그림1: https://commons.wikimedia.org/wiki/File:1206_The_Neuron.jpg

https://commons.wikimedia.org/wiki/File:Gray_matter_axonal_connectivity.jpg

그림2: https://commons.wikimedia.org/wiki/File:Synapse2.svg

https://commons.wikimedia.org/wiki/File:Cytoskeletal_organization_of_dendritic_spines_(ru).jpg

7. 판단에는 얼마나 많은 정보가 필요할까

Simonsohn U, 2009, "Whether to go to college." *Economic Journal*

레오나르드 믈로디노프, 『새로운 무의식』, 김명남 옮김, 까치글방, 2013.

Klein N and O'Brien E, 2018, "People use less information than they think to make up their minds.", *PNAS*

뇌과학자의 시선으로 본 세상

1. 나의 뇌가 보는 세상과 너의 뇌가 보는 세상

Lafer-Sausa R et al., 2015, "Striking individual differences in color perception uncovered by 'the dress' photograph.", *Current Biology*

2. 불완전한 뇌가 꿈꾸는 완벽한 도덕

Hu C & Jiang X, 2014, "An emotion regulation role of ventromedial prefrontal cortex in moral judgment.", *Front human neurosci.*

De Dreu CKW et al., 2011, "Oxytocin promotes human ethnocentrism.", *PNAS*

3. 내 생각은 얼마나 '내' 생각일까

Ariely D, 2008, "Predictably Irrational.", *HarperCollins*

Wimber M et al., 2010, "Distinct frontoparietal networks set the stage for later perceptual identification priming and episodic recognition memory.", *J Neurosci.*

4. 잘사는 집 아이들이 더 똘똘할까

Noble KG, 2014, "Rich man, poor man: socioeconomic adversity and brain development.", *Cerebrum*

Farah MJ, 2017, "The neuroscience of socioeconomic status: correlates, causes and consequences.",

Neuron

5. 타고나는가, 만들어지는가

Gandal MJ et al., 2018, "Shared molecular neuropathology across major psychiatric disorders parallels polygenic overlap." *Science*

McConnell MJ et al., 2017, "Intersection of diverse neuronal genomes and neuropsychiatric disease: The Brain Somatic Mosaicism Network.", *Science*

Marshall P & Bredy TW, 2016, "Cognitive neuroepigenetics: the next evolution in our understanding of the molecular mechanisms underlying learning and memory?", *npj Science of Learning*

Sweatt JD, 2013, "The Emerging Field of Neuroepigenetics.", *Neuron*

그림1: Marshall P & Bredy TW, 2016, "Cognitive neuroepigenetics."

6. 생쥐에게도 표정이 있다.

Jackson JC et al., 2019, "Emotion semantics show both cultural variation and universal structure.", *Science*

Barrett LF, Adolphs R et al., 2019, "Emotional Expressions Reconsidered: Challenges to Inferring Emotion From Human Facial Movements.", Psychol Sci Public Interest.

Dolensek N et al., 2020, "Facial expression of emotion states and their neuronal correlates in mice." *Science*.

Jack RE et al., 2018, "Data-Driven Methods to Diversify Knowledge of Human Psychology.", *Trends in Cog Sci*

Heaven D, 2020, "Expression of doubt.", *Nature*

Barrett LF et al., 2019, "Emotional expressions reconsidered: Challenges to inferring emotion from human facial movements.", *Psychol Sci Public Interest*.

7. 거짓말 탐지기는 거짓말을 안 할까

Greely HT, 2009, "Chapter 7: Neuro-science-Based Lie Detection: The Need for Regulation." in *Using Imaging to Identify Deceit: Scientific and Ethical Questions.* American Academy of Arts & Science.

"Can you beat a lie detector test?" BBC, 2016.4.13

"Deceiving the law." *Nat Neurosci*, 2008.11

Haider SK et al., 2017, "Evaluation of P300 based Lie Detection Algorithm." *Electrical and Electronic Engineering*

Farah MJ et al., 2014, "Functional MRI-based lie detection: scientific and societal challenges.", *Nat Rev Neurosci.*

AL Roskies et al., 2013, "Neuroimages in court: less biasing than feared." *Trends in Cognitive Sciences.*

8. 과학이 세상을 바꾸는 방법

Appleton SF et al., 2018, "The developing brain: new directions in science, policy and law." *Washington University Journal of Law and Policy 57.*

글상자: 청소년 보호법과 뇌 발달

Fuhrmann D et al., 2015, "Adolescence as a sensitive period of brain development.", *Trend Cog Sci.*

Kilford EJ et al., 2016, "The development of social cognition in adolescence: An integrated perspective." *Neurosci Biobehav Rev.*

Blakemore SJ & Mills KL, 2014, "Is adolescence a sensitive period for sociocultural processing?" *Annu Rev Psychol.*

인공지능에 비춰본 인간

1. 뇌과학을 통해 발전하는 인공지능

Hassabis D et al., 2017, "Neuroscience-inspired artificial intelligence." *Neuron*

Kumaran D et al., 2016, "What learning systems do intelligent agents need? Complementary learning systems theory updated." *Trend Cog Sci.*

글상자: 인공지능을 통해 발전하는 뇌과학

Banino A et al., 2018, "Vector-based navigation using grid-like representations in artificial agents.", *Nature*

그림1: https://goo.gl/images/SLK8es

Winter SS et al., 2015, "Disruption of the head direction cell network impairs the parahippocampal grid cell signal.", *Science.*

Rowland DC et al., 2016, "Ten Years of Grid Cells.", *Annu Rev Neurosci.*

2. 인간만의 영역

Merolloa PA et al., 2014, "A million spiking-neuron integrated circuit with a scalable communication network and interface.", *Science*

3. 인공지능과 인간의 경계

Moscarello JM, LeDoux JE, 2013, "Active avoidance learning requires prefrontal suppression of amygdala-mediated defensive reactions." *J Neurosci.*

Strohminger N & Nichols S, 2014, "The essential moral self." *Cognition.*

4. 한 사람의 태도가 세상에 미치는 영향

Leibo JZ et al., 2017, "Multi-agent Reinforcement Learning in Sequential Social Dilemmas." arXiv:1702.03037v1

변희정 외, 『몸, 태곳적부터의 이모티콘』, 궁리, 2011.

5. 신경 번역기

Makin JG, Moses DA & Chang EF, 2020, Machine translation of cortical activity to text with an encoder-decoder framework. Nature Neurosci.

2. 논문에 쓰인 코드의 주소. https://github.com/jgmakin/machine_learning

뇌과학을 둘러싼 오해와 진실

1. 여자의 뇌, 남자의 뇌 따윈 없어

Jancke L, 2018, "Sex/gender differences in cognition, neurophysiology, and neuroanatomy." *F1000research*

Salari M et al., 2018, "Toward a psychology of Homo sapiens: Making psychological science more representative of the human population.", *PNAS*

Wagner W et al., 2018, "Whose science? A new era in regulatory 'science wars'" *Science*

Lancet, Vol 393, No 10171. https://www.thelancet.com/issue/S0140673619X00069

https://www.youtube.com/watch?v=2lcLPzGh2O4

2. 인간의 뇌와 다른 동물의 뇌는 어떻게 다를까

Herculano-Houzel S, 2012, "The remarkable, yet not extraordinary, human brain as a scaled-up primate brain and its associated cost." *PNAS*

Wig GS, 2017, "Segregated Systems of Human Brain Networks." *Trend Cog Sci.*

그림1: Herculano-Houzel S, 2012, "The remarkable, yet not extraordinary, human brain as a scaled-up primate brain and its associated cost." *PNAS*

그림2: Barbey AK, 2018, "Network Neuroscience Theory of Human Intelligence.", *Trends in Cognitive Sciences*

3. 일반인은 정말 뇌를 10퍼센트만 사용할까

Yin J & Yuan Q, 2015, "Structural homeostasis in the nervous system: a balancing act for wiring plasticity and stability." *Front Cell Neurosci.*

4. 가짜과학에 끌리는 이유

"나도 안아키 활동했지만, 백신 거부 이해 못해", 《오마이뉴스》, 2017.11.29

송민령, 2018, "뇌과학과 교육 분야의 가짜 과학: 신경신화(neuromyth)"《에피》, 6호.

Howard-Jones, 2014, "Neuroscience and education: myths and messages.", *Nature Reviews Neuroscience*

5. 가짜과학 판별법

Scheufele DA, 2013, "Communicating science in social settings." *PNAS*

Communicating Science Effectively: A Research Agenda, 2017, The national academy's press.

Farah MJ, 2017, "The Neuroscience of Socioeconomic Status: Correlates, Causes, and Consequences.", *Neuron*

Tang YY et al., 2015, "The neuroscience of mindfulness meditation.", *Nature Reviews Neuroscience*

송민령의 뇌과학 이야기(개정증보판)

앎과 삶을 연결하는 우리 시대의 뇌과학

초판 1쇄 펴낸날 2019년 11월 5일
개정판 1쇄 펴낸날 2020년 8월 24일
개정판 2쇄 펴낸날 2022년 9월 30일

지은이 송민령
펴낸이 한성봉
편집 조유나·하명성·이동현·최창문·김학제·신소윤·조연주
콘텐츠제작 안상준
디자인 전혜진·김현중
마케팅 박신용·오주형·강은혜·박민지
경영지원 국지연·강지선
펴낸곳 도서출판 동아시아
등록 1998년 3월 5일 제1998-000243호
주소 서울시 중구 퇴계로30길 15-8 [필동1가 26]
페이스북 www.facebook.com/dongasiabooks
전자우편 dongasiabook@naver.com
블로그 blog.naver.com/dongasiabook
인스타그램 www.instargram.com/dongasiabook
전화 02) 757-9724, 5
팩스 02) 757-9726

ISBN 978-89-6262-346-8 03400

이 도서의 국립중앙도서관 출판예정도서목록(CIP)은
서지정보유통지원시스템 홈페이지(http://seoji.nl.go.kr)와
국가자료공동목록시스템(http://www.nl.go.kr/kolisnet)에서
이용하실 수 있습니다.(CIP제어번호 : CIP2020033106)

※ 이 책은 『여자의 뇌, 남자의 뇌 따윈 없어』의 개정증보판입니다.
※ 잘못된 책은 구입하신 서점에서 바꿔드립니다.

만든 사람들

편집 하명성
크로스교열 안상준
디자인 전혜진
본문조판 김경주